Myologie und Serologie der Vogelfamilie Fringillidae

Eine taxonomische Studie

William B. Stallcup

Writat

Diese Ausgabe erschien im Jahr 2024

ISBN: 9789361467233

Herausgegeben von
Writat
E-Mail: info@writat.com

Inhalt

Einführung

Die Verwandtschaftsverhältnisse vieler Vogelgruppen innerhalb der Ordnung der Sperlingsvögel sind noch nicht vollständig erforscht . Die meisten Ornithologen sind sich einig, dass einige der Sperlingsfamilien der aktuellen Klassifizierungen künstliche Gruppen sind. Diese künstlichen Gruppierungen sind das Ergebnis früherer Arbeiten, bei denen das Hauptaugenmerk auf leicht anpassbare äußere Strukturen gelegt wurde. Größe und Form des Schnabels beispielsweise wurden in der Vergangenheit als taxonomische Merkmale überbewertet . Heute ist anerkannt, dass der Schnabel eine äußerst anpassungsfähige Struktur ist und häufig Konvergenz und Parallelität aufweist.

Da Untersuchungen der äußeren Morphologie in manchen Fällen nicht zu einem klaren Verständnis der Verwandtschaftsverhältnisse bei Sperlingsvögeln geführt haben, erscheint es angebracht, anderen morphologischen und physiologischen Merkmalen sowie Lebensverlaufsstudien Beachtung zu schenken , um so weitere Hinweise auf Verwandtschaftsverhältnisse auf Familien- und Unterfamilienebene zu finden.

Dieser Artikel berichtet über die Ergebnisse einer Studie über die Verwandtschaftsverhältnisse einiger Vögel der Familie Fringillidae und basiert auf der vergleichenden Myologie des Beckenanhangs und der vergleichenden Serologie salzlöslicher Proteine. Soweit dies zu Vergleichszwecken erforderlich war, wurden Vögel aus anderen Familien in diese Untersuchungen einbezogen.

Es ist seit langem bekannt, dass die Fringillidae unterschiedliche Gruppen umfassen. Neuere Arbeiten von Beecher (1951b, 1953) über die Muskulatur des Kiefers und von Tordoff (1954) vor allem über die Struktur des knöchernen Gaumens haben die künstliche Natur der Ansammlung betont, obwohl diese Autoren hinsichtlich der Hauptunterteilungen darin nicht übereinstimmen (siehe unten).

Die Fringillidae unterscheiden sich von anderen Familien der Oscines mit neun Schwungfedern nur durch ein einziges Merkmal – einen schweren und konischen Schnabel (zum Zerdrücken von Samen). Schnäbel dieser Form haben sich unabhängig voneinander in mehreren anderen, nicht verwandten Gruppen entwickelt ; wie Tordoff (1954:7) festgestellt hat, haben *Molothrus* der Familie Icteridae, *Psittorostra* der Familie Drepaniidae und die meisten Mitglieder der Familie Ploceidae ebenso schwere und konische Schnäbel wie die der Fringilliden. Die Ploceiden unterscheiden sich von den Fringilliden durch ein einziges äußeres Merkmal: einen ziemlich gut entwickelten zehnten

Schwungfeder, während dieser bei den Fringilliden fehlt oder rudimentär ist. Tordoff (1954:20) weist jedoch darauf hin, dass diese Unterscheidung nur von begrenztem Wert ist, da bei anderen Sperlingsfamilien der zehnte Schwungfeder bei einigen Arten einer Gattung vorhanden und bei anderen fehlen kann. Die Gattung *Vireo* ist ein Beispiel dafür. Darüber hinaus besitzt mindestens ein Ploceide (*Philetairus*) einen kleinen, rudimentären zehnten Schwungschweif, während einige Fringilliden (z. B. *Emberizoides*) *einen eher großen, ventral gelegenen zehnten Schwungschweif besitzen (Chapin, 1917:253-254). Es ist also offensichtlich, dass* Studien auf der Grundlage anderer Merkmale notwendig sind, um ein besseres Verständnis der Verwandtschaftsverhältnisse der beteiligten Vögel zu erlangen .

Sushkins Untersuchungen (1924, 1925) über den Bau des knöchernen und geilen Gaumens dienten als Grundlage für die Einteilung der Fringillidae in nicht weniger als fünf Unterfamilien (Hellmayr, 1938 : 5): Richmondeninae, Geospizinae, Fringillinae, Carduelinae und Emberizinae.

Beecher (1951b:280) weist darauf hin, dass „die Richmondfinken so ununterbrochen aus den Tangaren hervorgehen, dass Ornithologen die Trennlinie zwischen den beiden Gruppen willkürlich ziehen mussten." Seine Untersuchung des Musters der Kiefermuskulatur untermauert dies. Er stellt weiter fest, dass die Carduelinefinken ohne Trennung aus den Tangaren hervorgehen. Er schlägt daher vor, die beiden Gruppen der „Tangarenfinken" zu Unterfamilien der Thraupidae zu machen und eine dritte Unterfamilie für die typischeren Tangaren beizubehalten. Er stellt fest, dass die Emberizinefinken einen anderen Ursprung haben und aus den Waldsängern hervorgehen (1953:307). Beecher (1951a:431; 1953:309) schließt den Dickcissel, *Spiza americana* , in die Familie Icteridae ein, hauptsächlich aufgrund des Kiefermuskelmusters und des Horngaumens.

Tordoff (1954:10-11) legt Beweise vor, dass das Vorkommen von Gaumen-Oberkieferknochen bei Vögeln mit neun Schwungrädern auf eine Verwandtschaft zwischen den Arten hinweist, die diese Knochen besitzen. Er weist darauf hin, dass alle Fringilliden außer den Carduelinae Gaumen-Oberkieferknochen besitzen, die entweder frei oder mehr oder weniger mit der Präpalatinaleiste verwachsen sind. Er weist auch darauf hin, dass bei allen Carduelinae die Präpalatinaleiste an ihrer Verbindung mit der Prämaxillae aufgeweitet ist und dass die Mediopalatinafortsätze über die Mittellinie verwachsen sind; Fringilliden, die nicht zu den Carduelinae gehören, fehlen diese Merkmale. Zusätzlich zu dem oben Gesagten führt er Unterschiede zwischen den Carduelinae und den „anderen" Fringilliden in den Gliedmaßenskeletten, in der geografischen Verbreitung, in den Migrationsmustern und in den Gewohnheiten an. Tordoff kommt daher zu dem Schluss, dass die Carduelinae keine Fringilliden, sondern Ploceiden sind, deren engste Verwandtschaft mit der Ploceiden-Unterfamilie Estrildinae besteht. Aufgrund der Gaumenstruktur werden die Fringillinae und Geospizinae mit den Emberizinae kombiniert, wobei der Name Fringillinae für die Unterfamilie beibehalten wird. Die Tangaren verschmelzen einerseits mit den Richmondeninae und andererseits mit den Fringillinae. Auf dieser Grundlage schlägt Tordoff (1954:32) vor, die Familie Fringillidae in folgende Unterfamilien zu unterteilen: Richmondeninae, Thraupinae und Fringillinae. Die Cardueline werden als Unterfamilie Carduelinae in die Familie Ploceidae eingeordnet .

Aus dem Vorstehenden ist ersichtlich, dass die beiden jüngsten Forschungsrichtungen zu widersprüchlichen Theorien über die Verwandtschaftsverhältnisse innerhalb der Familie Fringillidae geführt haben. Der Zweck meiner Untersuchung bestand daher darin, Informationen aus anderen Bereichen zu sammeln, die die Verwandtschaftsverhältnisse dieser Vögel klären könnten.

Da man davon ausgeht, dass das Muskelmuster der Beine der Ordnung Passeriformes lange besteht und sich langsam verändert, könnte jede Variation, die eine Artengruppe konsequent von einer anderen unterscheidet, von Bedeutung sein. In der Hoffnung, dass eine solche Variation gefunden werden könnte , wurde eine Studie zur vergleichenden Myologie der Beine durchgeführt.

Die Nützlichkeit der vergleichenden Serologie als Mittel zur Bestimmung von Verwandtschaftsverhältnissen wurde in zahlreichen Untersuchungen nachgewiesen. Ihre Anwendung in diesem Fall erfolgte aus mehreren Gründen: Die vergleichende Serologie basiert auf biochemischen Systemen, die sich anscheinend langsam entwickeln; ihre Methoden sind objektiv; und ihre Anwendung hat bisher zur Ansammlung von Daten geführt, die in den meisten Fällen mit Daten aus anderen Quellen kompatibel zu sein scheinen.

Ich danke Prof. Harrison B. Tordoff von der University of Kansas für seine Unterstützung bei dieser Studie. Ich danke auch Prof. Charles A. Leone, ohne dessen Leitung und Unterstützung die serologischen Untersuchungen nicht möglich gewesen wären; den Professoren E. Raymond Hall und A. Byron Leonard, deren Vorschläge und Kritik bei der Erstellung dieses Artikels äußerst hilfreich waren; und TD Burleigh vom US Fish and Wildlife Service für die Schenkung mehrerer in dieser Arbeit verwendeter Proben. Unterstützung bei bestimmten Teilen der Studie wurde durch einen Vertrag (NR163014) zwischen dem Office of Naval Research der United States Navy und der University of Kansas gewährt .

Myologie der Beckenanhänge

Allgemeine Aussage

In einem ausgezeichneten Artikel, in dem die Muskeln des Beckenanhangs von Vögeln sorgfältig und genau beschrieben werden, hat Hudson (1937) kurz die wichtigste Literatur zur Beinmuskulatur besprochen, die bis dahin veröffentlicht wurde. Eine Besprechung dieser Informationen erscheint daher hier unnötig.

Myologische Formeln, die von Garrod (1873, 1874) vorgeschlagen wurden, wurden von Taxonomen häufig als Hilfsmittel zur Charakterisierung der Vogelordnungen verwendet. Es wurden jedoch relativ wenige Untersuchungen zur vergleichenden Myologie der Beine auf Familien- und Unterfamilienebene durchgeführt. Die Arbeiten von Fisher (1946), Hudson (1948) und Berger (1952) sind bemerkenswerte Ausnahmen.

Die in diesem Artikel verwendete Terminologie für die Muskeln folgt der von Hudson (1937), mit der Ausnahme, dass ich bei der Latinisierung aller Namen Berger (1952) gefolgt bin. Homologien werden nicht angegeben, da diese von Hudson besprochen werden . Osteologische Begriffe stammen von Howard (1929).

Materialen und Methoden

Die Proben wurden in einer Lösung aus einem Teil Formalin und acht Teilen Wasser konserviert . Für eine zufriedenstellende Konservierung war eine gründliche Injektion aller Gewebe erforderlich. Die meisten Daunen und Konturfedern wurden entfernt, damit das Konservierungsmittel die Haut erreichen konnte.

Zur Vorbereitung der Proben für die Untersuchung wurden die Beine und der Beckengürtel entfernt und mehrere Stunden lang unter fließendem Wasser gewaschen, um einen Großteil des Formalins zu entfernen . Anschließend wurden sie in eine Mischung aus 50 Prozent Alkohol und einer kleinen Menge Glycerin gegeben.

Alle Exemplare wurden mit Hilfe eines schwachen Binokularmikroskops seziert . Wenn möglich, wurden mehrere Exemplare jeder Art auf individuelle Unterschiede untersucht . Solche Unterschiede erwiesen sich als gering und betreffen hauptsächlich Größe und Form der Muskeln. Die Größe hängt zum Teil vom Alter des Vogels ab, denn die Muskeln älterer Vögel sind größer und besser entwickelt. Die Form eines Muskels (ob lang und schlank oder kurz und dick) hängt zum Teil von der Position ab, in der das Bein präpariert wurde; das heißt, ein Muskel kann bei einem Vogel gestreckt und bei einem anderen zusammengezogen sein . Aus diesen Gründen basieren Beschreibungen und Vergleiche hauptsächlich auf dem Ursprung und Ansatz eines Muskels und auf seiner Position im Verhältnis zu benachbarten Muskeln.

Nachfolgend sind die im Rahmen dieser Studie sezierten Vögel aufgeführt (in der Reihenfolge der AOU-Checkliste):

SPEZIES

Vireo olivaceus (Linnaeus)
Seiurus motacilla (Vieillot)
Passer domesticus (Linnaeus)
Estrilda amandava (Linnaeus)
Poephila guttata (Reichenbach)
Icterus galbula (Linnaeus)
Molothrus ater (Boddaert)
Piranga rubra (Linnaeus)
Richmondena cardinalis (Linnaeus)
Guiraca caerulea (Linnaeus)
Passerina cyanea (Linnaeus)
Spiza americana (Gmelin)
Hesperiphona vespertina (Cooper)
Carpodacus purpureus (Gmelin)

Pinicola enucleator (Linnaeus)
Leucosticte tephrocotis (Swainson)
Spinus tristis (Linnaeus)
Loxia curvirostra Linnaeus
Chlorura chlorura (Audubon)
Pipilo erythrophthalmus (Linnaeus)
Calamospiza melanocorys Stejneger
Chondestes grammacus (Say)
Junco hyemalis (Linnaeus)
Spizella arborea (Wilson)
Zonotrichia querula (Nuttall)
Passerella iliaca (Merrem)
Calcarius lapponicus (Linnaeus)

Beschreibung der Muskeln

Die folgenden Beschreibungen beziehen sich auf die Muskeln im Bein des Rotaugentowhees (*Pipilo erythrophthalmus)* . Unterschiede zwischen den Arten werden , sofern vorhanden, für jeden Muskel vermerkt. Der Begriff „Schenkel" bezieht sich auf den proximalen Abschnitt des Beins; der Begriff „Crus" bezeichnet den Abschnitt des Beins unmittelbar distal des Oberschenkels.

Musculus iliotrochantericus posticus (Abb. <u>2</u>). – Der Ursprung dieses Muskels ist fleischig und erstreckt sich von der gesamten konkaven Seitenfläche des Darmbeins vor der Hüftpfanne. Die Fasern laufen nach hinten zusammen und der Muskel setzt sich mit einer kurzen, breiten Sehne an der Seitenfläche des Oberschenkelknochens unmittelbar distal des Trochanters an. Es ist der größte Muskel, der vom Darmbein zum Oberschenkelknochen verläuft.

Aktion: Bewegt den Oberschenkelknochen nach vorne und dreht ihn nach vorne.

Vergleich: Zwischen den untersuchten Arten wurden keine signifikanten Unterschiede festgestellt.

Musculus iliotrochantericus anticus (Abb. 3). – Dieser schlanke Muskel wird seitlich vom *M. iliotrochantericus posticus bedeckt und hat einen fleischigen Ursprung am anteroventralen Rand des Darmbeins zwischen den Ursprüngen des M. sartorius* vorne und des *M. iliotrochantericus medius* hinten. Der *M. iliotrochantericus anticus* ist kaudoventral ausgerichtet und setzt mit einer breiten, flachen Sehne an der anterolateralen Oberfläche des Femurs zwischen den Köpfen des *M. femorotibialis externus* und *des M. femorotibialis medius* und knapp distal des Ansatzes des *M. iliotrochantericus medius an* .

Aktion: Bewegt den Oberschenkelknochen nach vorne und dreht ihn nach vorne.

Vergleich: Zwischen den untersuchten Arten wurden keine signifikanten Unterschiede festgestellt.

Musculus iliotrochantericus medius (Abb. 3). – Kleinster der drei *Iliotrochantericus* -Muskeln. Dieser bandförmige Muskel hat einen fleischigen Ursprung am ventralen Rand des Darmbeins direkt hinter dem Ursprung des *M. iliotrochantericus anticus* . Die Fasern sind kaudoventral ausgerichtet und der Ansatz ist sehnig auf der anterolateralen Oberfläche des Femurs zwischen den Ansätzen der beiden anderen *Iliotrochantericus* -Muskeln.

Aktion: Bewegt den Oberschenkelknochen nach vorne und dreht ihn nach vorne.

Vergleich: Zwischen den untersuchten Arten wurden keine signifikanten Unterschiede festgestellt.

Musculus iliacus (Abb. 4, 5). – Dieser kleine, schlanke Muskel entspringt an einem fleischigen Ursprung am ventralen Rand des Darmbeins direkt hinter dem Ursprung des *M. iliotrochantericus medius* und verläuft posteroventral zu seinem fleischigen Ansatz an der posteromedialen

Oberfläche des Femurs direkt proximal zum Ursprung des *M. femorotibialis internus* .

Aktion: Bewegt den Oberschenkelknochen nach vorne und dreht ihn nach hinten.

Vergleich: Keine signifikanten Unterschiede zwischen den untersuchten Arten.

Musculus sartorius (Abb. 1 , 4). – Der lange, riemenartige Muskel des Musculus *sartorius* bildet die Vorderkante des Oberschenkels. Sein Ursprung ist fleischig und liegt zur Hälfte an der Vorderkante des Beckens und an der mittleren Rückenkante dieses Knochens und zur anderen Hälfte an den hinteren ein oder zwei freien Rückenwirbeln. Der Ansatz ist entlang einer schmalen Linie an der vorderen mittleren Kante des Tibiakopfes und im medialen Bereich der Patellasehne fleischig.

Aktion: Bewegt den Oberschenkel nach vorne und oben und streckt den Unterschenkel.

Vergleich: Bei *Loxia* und *Spinus* stammt nur ein Drittel des Ursprungs vom letzten freien Rückenwirbel. Bei *Hesperiphona* , *Carpodacus* , *Pinicola* und *Leucosticte* stammt nur ein Fünftel des Ursprungs von diesem Wirbel.

Musculus iliotibialis (Abb. 1). – Dieser breite und dreieckige Muskel bedeckt die meisten tieferen Muskeln an der Außenseite des Oberschenkels. Der mittlere Bereich ist mit den darunter liegenden Musculus *femorotibialis* verwachsen . Die distale Hälfte dieses Muskels besteht aus drei verschiedenen Teilen; die vorderen und hinteren Ränder sind fleischig und der mittlere Teil ist aponeurotisch. Der Ursprung liegt in einer schmalen Linie entlang der Beckenkammkante – vom Ursprung des *M. sartorius* vorn bis zum Ursprung des *M. semitendinosus* hinten. Der Ursprung ist im präacetabulären Bereich aponeurotisch, im postacetabulären Bereich jedoch fleischig. Der distale Teil des Muskels ist aponeurotisch und bildet zusammen mit den Musculus *femorotibialis* die Patellasehne. Diese Sehne umschließt die Patella und setzt an einer Linie entlang der proximalen Ränder der Kniekammkante des Tibiotarsus an.

Aktion: Erweitert Crus.

Vergleich: Bei *Vireo* fehlt der zentrale aponeurotische Teil dieses Muskels.

Musculus femorotibialis externus (Abb. 2). – Dieser große Muskel bedeckt die lateralen und anterolateralen Oberflächen des Femurs und hat seinen fleischigen Ursprung am lateralen Rand der proximalen drei Viertel des Femurs. Der Ursprung trennt den Ansatz des *M. iliotrochantericus anticus* von dem des *M. ischiofemoralis und* ist wiederum durch die Ansätze des *M. iliotrochantericus anticus* und *des M. iliotrochantericus medius* vom Ursprung des *M. femorotibialis medius getrennt* . Ungefähr auf halber Länge des Femurs verschmilzt dieser Muskel anteromesial mit dem *M. femorotibialis medius* . Distal trägt der *M. femorotibialis externus* zur Bildung der Patellasehne bei , die auf einer Linie entlang der proximalen Ränder der Kniekämme des Tibiotarsus ansetzt.

Aktion: Erweitert Crus.

Vergleich: Zwischen den untersuchten Arten wurden keine signifikanten Unterschiede festgestellt.

Musculus femorotibialis medius (Abb. 2 , 4). – Der Ursprung dieses Muskels, der entlang der Vorderkante des Femurs verläuft, ist auf der gesamten Länge des Femurs bis zur Höhe der Befestigung des proximalen Arms der Bizepsschlaufe fleischig. Seitlich ist dieser Muskel über den größten Teil seiner Länge vollständig mit dem *M. femorotibialis externus* verwachsen und trägt zur Bildung der Patellasehne bei, die auf einer Linie entlang der proximalen Kanten der Kniekämme des Tibiotarsus ansetzt. Viele der Fasern setzen jedoch an der proximalen Kante der Patella an.

Aktion: Erweitert Crus.

Vergleich: Zwischen den untersuchten Arten wurden keine signifikanten Unterschiede festgestellt.

Musculus femorotibialis internus (Abb. 4). – Einer der oberflächlichsten Muskeln an der medialen Oberfläche des Oberschenkels. Dieser Muskel ist vor allem in der Nähe des distalen Endes in zwei Teile geteilt, einen lateralen und einen medialen. Der laterale Teil entspringt fleischig an einer Linie an der medialen Oberfläche des Femurs; der Ursprung beginnt proximal an einem Punkt in der Nähe des Ansatzes des *M. iliacus* . Der mediale, voluminösere Teil des Muskels hat einen fleischigen Ursprung an der medialen Oberfläche des unteren Drittels des Femurs. Die beiden Teile verschmelzen bis zu einem gewissen Grad oberhalb der Ansatzpunkte und setzen an der medialen Kante des Tibiakopfes an.

Aktion: Dreht das Schienbein nach vorne.

Vergleich: Zwei Teile dieses Muskels sind unterschiedlich verwachsen, ansonsten gibt es bei den untersuchten Arten keine nennenswerten Unterschiede.

Musculus piriformis (Abb. 3). – Dieser Muskel wird nur durch den *Pars caudifemoralis* repräsentiert , der *Pars iliofemoralis* fehlt, soweit bekannt, bei Sperlingsvögeln. Der *Pars caudifemoralis* ist flach, etwas spindelförmig und verläuft anteroventral vom Pygostyl zum Femur. Der Ursprung ist sehnig vom anteroventralen Rand des Pygostyls und der Ansatz ist halbsehnig auf der posterolateralen Oberfläche des Femurschafts, etwa ein Viertel seiner Länge vom proximalen Ende entfernt.

Aktion: Bewegt den Oberschenkelknochen nach hinten und dreht ihn in diese Richtung; bewegt den Schwanz seitlich und drückt ihn nach unten.

Vergleich: Zwischen den untersuchten Arten wurden keine signifikanten Unterschiede festgestellt.

Musculus semitendinosus (Abb. 2 , 3 , 5). – Der Ursprung am äußersten hinteren Rand der hinteren Beckenkammkante des Darmbeins ist fleischig und aponeurotisch vom letzten Wirbel des Synsacrum und den Querfortsätzen mehrerer Schwanzwirbel. Der riemenförmige Bauch verläuft entlang des posterior-lateralen Rands des Oberschenkels. Unmittelbar hinter dem Knie wird der Muskel durch ein Band quer geteilt . Der Teil, der vorn vom Band verläuft, ist der *M. accessorius semitendinosi* (hier als Teil des *M. semitendinosus betrachtet*) und wird weiter unten besprochen . Das Band setzt sich distal in zwei Teilen fort; ein Teil setzt an der medialen Oberfläche des *Pars media* des *M. gastrocnemius an* und der andere Teil verschmilzt mit der Ansatzsehne des *M. semimembranosus* .

Der *M. accessorius semitendinosi* verläuft vom oben genannten Band nach vorne bis zu einem fleischigen Ansatz auf der posteriorlateralen Oberfläche des Femurs, unmittelbar proximal der Kondylen.

Aktion: Bewegt das Femur nach hinten, beugt das Crus und hilft bei der Streckung des Tarsometatarsus.

Vergleich: Zwischen den untersuchten Arten wurden keine signifikanten Unterschiede festgestellt.

Musculus semimembranosus (Abb. 3 , 4 , 5). – Dieser riemenartige Muskel verläuft entlang der posteriormedialen Oberfläche des Oberschenkels. Sein Ursprung ist halbsehnig und verläuft entlang einer Linie auf dem Sitzbein, von einem Punkt dorsal zur Mitte des ischiopubischen Fenestra zum hinteren Ende des Sitzbeins und von einem kleinen Bereich der Bauchmuskulatur hinter dem Sitzbein. Der Ansatz erfolgt mittels einer breiten, dünnen Sehne auf einem Grat auf der medialen Oberfläche der Tibia unmittelbar distal zum Kopf dieses Knochens. Die Ansatzsehne verläuft zwischen dem Kopf des *Pars media* und *des Pars interna* des *M. gastrocnemius* und ist mit der Sehne des *M. semitendinosus* verwachsen .

Aktion: Beugt den Unterschenkel.

Vergleich: Zwischen den untersuchten Arten wurden keine signifikanten Unterschiede festgestellt.

Musculus biceps femoris (Abb. 2). – Dieser lange, dünne und etwas dreieckige Muskel liegt an der Außenseite des Oberschenkels direkt unter dem *M. iliotibialis* . Sein Ursprung liegt in einer Linie entlang der vorderen und hinteren Beckenkammspitze unterhalb des Ursprungs des *M. iliotibialis* . Vor der Hüftgelenkspfanne ist der Ursprung aponeurotisch, und der Rand dieser Aponeurose verläuft über das proximale Ende des Oberschenkelknochens. Der Ursprung hinter der Hüftgelenkspfanne ist fleischig. Der vorderste Ursprungspunkt ist schwer zu bestimmen, liegt jedoch nahe der Mitte des vorderen Beckenkamms. Der hinterste Ursprungspunkt befindet sich unmittelbar dorsal des hinteren Endes des Ilioschiatischen Fensters. Hinter dem Knie laufen die Fasern dieses Muskels zusammen und bilden die starke Ansatzsehne, die durch die Bizepsschlinge unter der Ursprungssehne des M. iliotibialis verläuft . Er setzt an einem kleinen Tuberkel am posterior-lateralen Rand des Wadenbeins an der Stelle der Tibia-Widderbein-Fusion an .

Die Bizepsschlinge ist sehnig und das distale Ende ist an einer Ausstülpung am posterior-lateralen Rand des Femurs am proximalen Rand des äußeren Condylus befestigt. Das proximale Ende ist am anterolateralen Rand des Femurs unmittelbar proximal zum distalen Ende der Schlinge befestigt, die sich nach hinten zum Femur erstreckt. Der distale Arm dieser Schlinge ist durch eine kräftige Sehne mit der Ursprungssehne des *M. flexor perforatus digiti II* verbunden .

Aktion: Beugt den Unterschenkel.

Vergleich: Zwischen den untersuchten Arten wurden keine signifikanten Unterschiede festgestellt.

Musculus ischiofemoralis (Abb. 3). – Kurz und dick, entspringt dieser Muskel direkt an der lateralen Oberfläche des Sitzbeins zwischen dem hinteren Beckenkamm und dem Sitzbeinfenster. Das Ursprungsgebiet erstreckt sich bis zum hinteren Rand des Sitzbeins. Der Ansatz ist sehnig an der lateralen Oberfläche des Trochanters gegenüber dem Ansatz des *M. iliotrochantericus medius* .

Aktion: Bewegt den Oberschenkelknochen nach hinten und dreht ihn in diese Richtung.

Vergleich: Zwischen den untersuchten Arten wurden keine signifikanten Unterschiede festgestellt.

Musculus obturator internus (Abb. 4 , 7). – Dieser flache, gefiederte, blattförmige Muskel liegt an der Innenseite des Beckens und bedeckt die mediale Oberfläche des ischiopubischen Fensters. Er hat seinen Ursprung fleischig am Sitzbein und Schambein um die Ränder dieses Fensters herum; keine der Fasern entspringt der über das Fenster gespannten Membran. Vorne laufen die Fasern zusammen und bilden eine starke Sehne, die durch das Foramen obturatorium verläuft und an der posteriorlateralen Oberfläche des Trochanter femur ansetzt.

Aktion: Dreht den Oberschenkelknochen nach hinten.

Vergleich: Zwischen den untersuchten Arten wurden keine signifikanten Unterschiede festgestellt.

Musculus obturator externus (Abb. 7). – Dieser kurze und fleischige Muskel besteht aus zwei Teilen, die nicht leicht zu trennen sind, die man jedoch über ihre gesamte Länge verfolgen kann. An ihrem Ursprung sind die Teile stärker voneinander unterscheidbar. Der dorsale Teil entspringt direkt aus dem Sitzbein entlang der dorsalen Kante des Foramen obturatorium. Der größere ventrale Teil entspringt direkt aus den vorderen und ventralen Kanten des Foramen obturatorium. Die Fasern des dorsalen Teils verlaufen nach vorne, bedecken die Sehne des *M. obturator internus* seitlich und setzen am Trochanter um den Ansatzpunkt des letztgenannten Muskels an. Die Fasern des ventralen Teils verlaufen parallel zur Sehne des *M. obturator internus* und setzen am Trochanter unmittelbar distal und hinter der Sehne des letztgenannten Muskels an.

Aktion: Dreht den Oberschenkelknochen nach hinten.

Vergleich. – Bei *Passer* , *Estrilda* , *Poephila* , *Hesperiphona* , *Carpodacus* , *Pinicola* , *Leucosticte* , *Spinus* und *Loxia* ist dieser Muskel ungeteilt und ähnelt in seiner Lage, seinem Ursprung und seinem Ansatz dem ventralen Teil des oben beschriebenen zweigeteilten Muskels. Der Ursprung liegt an den vorderen und ventralen Rändern des Foramen obturatorium und der Ansatz befindet sich am Trochanter des Femurs unmittelbar distal und hinter dem Ansatz des *M. obturator internus* . Bei allen anderen untersuchten Gattungen ist der Muskel zweigeteilt. Bei *Chlorura* ist der dorsale Teil größer und besser entwickelt als bei den anderen Gattungen.

Musculus adductor longus et brevis (Abb. 3, 4, 5). – Dieser große Muskel besteht aus zwei unterschiedlichen, riemenartigen Teilen und liegt auf der Innenseite des Oberschenkels hinter dem Femur.

Der *Pars anticus* hat einen semitendinösen Ursprung auf einer Linie, die sich vom posteroventralen Rand des Foramen obturatorium nach hinten bis zu einem Punkt auf halber Strecke über die Membran erstreckt, die das Ischiopubische Fenestra bedeckt. Der Ansatz ist entlang der hinteren Oberfläche des Femurs fleischig, von der Höhe des Ansatzes des *M. piriformis* distal bis zur medialen Oberfläche des inneren Condylus.

Der *Pars posticus* entspringt als breite, flache Sehne auf einer Linie über die hintere Hälfte der Membran, die das ischiopubische Fenster bedeckt. Der Ansatz befindet sich am Ursprungspunkt der *Pars media* des *M. gastrocnemius* auf der posteromedialen Oberfläche des proximalen Endes des inneren Condylus des Femurs. Es besteht eine breite sehnige Verbindung mit dem proximalen Ende der *Pars media* des *M. gastrocnemius* . Der vordere Rand des *Pars posticus* wird medial vom hinteren Rand des *Pars anticus überlappt* .

Aktion: Beugt den Oberschenkel, kann auch den Unterschenkel beugen und den Tarsometatarsus strecken.

Vergleich. – Bei *Vireo olivaceous* erstreckt sich der Ursprung dieses Muskels nicht über die gesamte Länge des ischiopubischen Fensters. Außerdem liegt der Ursprung am dorsalen Rand des ischiopubischen Fensters und nicht an der Membran, die das Fenster bedeckt. Schließlich ist der Ursprung der *Pars posticus bei dieser Art* fleischig.

Musculus tibialis anticus (Abb. 2, 5). – Ein Teil dieses Muskels liegt entlang der Vorderkante des Crus und wird vom *M. peroneus longus bedeckt* . Er hat seinen Ursprung in zwei verschiedenen Köpfen, die jeweils gefiedert sind. Der vordere Kopf entspringt direkt an den Rändern der äußeren und inneren Kniekante. Der hintere Kopf entspringt mit einer kurzen, starken Sehne aus einer kleinen Grube am anterodistalen Rand des äußeren Condylus des Femurs. Diese Sehne und das proximale Ende des Muskels verlaufen zwischen dem Kopf des Wadenbeins und der äußeren Kniekante. Die beiden Muskelköpfe verschmelzen an einer Stelle, die etwas mehr als die Hälfte der Strecke entlang des Crus liegt. Am distalen Ende des Crus entspringt aus diesem Muskel eine starke Sehne, die zusammen mit dem *M. unter einer*

Faserschlinge unmittelbar proximal des äußeren Condylus verläuft. extensor digitorum longus , verläuft zwischen den Kondylen der Tibia und setzt an einem Tuberkel am anteromedialen Rand des proximalen Endes des Tarsometatarsus an.

Aktion: Beugt den Tarsometatarsus.

Vergleich: Zwischen den untersuchten Arten wurden keine signifikanten Unterschiede festgestellt.

Musculus extensor digitorum longus (Abb. 3 , 5 , 8). – Dieser schlanke und gefiederte Muskel liegt entlang der anteromedialen Oberfläche des Schienbeins. Sein Ursprung ist fleischig im größten Teil der Region zwischen den Kniekämmen und in einer Linie entlang der Vorderseite des proximalen Viertels des Schienbeins. Ungefähr zwei Drittel der Strecke am Crus entlang entspringt der Muskel der Ansatzsehne, die zusammen mit dem *M. tibialis anticus* durch die Faserschlinge nahe dem distalen Ende des Schienbeins verläuft . Die Sehne verläuft dann unter der supratendinalen Brücke am distalen Ende des Schienbeins, durchquert die vordere interkondyläre Fossa und verläuft unter einer Knochenbrücke auf der anteromedialen Oberfläche des proximalen Endes des Tarsometatarsus. Die Sehne verläuft weiter entlang der Vorderseite des Tarsometatarsus bis zu einem Punkt unmittelbar über der Zehenbasis und gibt dort drei Äste ab, einen zur Vorderseite jedes Vorderzehs. Die Ansätze jedes Astes befinden sich an der Vorderseite der Phalangen, wie in Abb. 8 dargestellt .

Aktion: Streckt die Vorderzehen aus.

Leucosticte und *Calvarius* schwach entwickelt ; der Bauch ist schlank und reicht nur bis zur Hälfte des Crus, bevor er in die Ansatzsehne übergeht. Die funktionelle Bedeutung dieser Abweichung ist schwer zu verstehen. Die Konvergenz des Muskelmusters dieser beiden Gattungen ist jedoch aller Wahrscheinlichkeit nach das Ergebnis ähnlicher Verhaltensmuster. Diese Vögel sitzen seltener auf einer Stange als die anderen untersuchten Vögel. Daher werden die Zehen weder so oft gebeugt noch gestreckt; die geringere Größe des *M. extensor digitorum longus* könnte teilweise auf diese verringerte Aktivität zurückzuführen sein . Abgesehen von den soeben erwähnten Abweichungen gibt es keine bedeutenden Unterschiede zwischen den untersuchten Arten; sogar die ziemlich komplexen Ansatzmuster sind identisch.

Musculus peroneus longus (Abb. 1). – Dieser relativ dünne und riemenartige Muskel liegt auf der anterolateralen Oberfläche des Crus und ist eng mit den darunter liegenden Muskeln verbunden. Der Teil des Ursprungs von den proximalen Rändern der inneren und äußeren Knieleisten ist halbsehnig, aber der Teil des Ursprungs von der lateralen Kante des Wadenbeinschafts ist sehnig. Ungefähr zwei Drittel der Strecke am Crus entlang entspringt der Muskel der Ansatzsehne. Unmittelbar über dem äußeren Condylus des Tibiotarsus teilt sich diese Sehne. Der hintere Ast setzt am proximalen Ende der lateralen Kante des Tibiaknorpels an. Der vordere Ast verläuft über die laterale Oberfläche des äußeren Condylus zur hinteren Oberfläche des Tarsometatarsus und vereinigt sich dort mit der Sehne des *M. flexor perforatus digiti III* .

Aktion: Streckt den Tarsometatarsus und beugt den dritten Finger.

Vergleich: Zwischen den untersuchten Arten wurden keine signifikanten Unterschiede festgestellt.

Musculus peroneus brevis (Abb. 2 , 3). – Dieser schlanke, gefiederte Muskel liegt an der anterolateralen Oberfläche des Schienbeins, entspringt einem fleischigen Ursprung entlang dieser Oberfläche und entlang der Vorderseite des Wadenbeins von einem Punkt unmittelbar proximal des Ansatzes des *M. biceps femoris* bis zu einem Punkt ungefähr zwei Drittel des Crus nach unten. Nahe dem distalen Ende des Schienbeins entspringt aus dem Muskel die Ansatzsehne, die durch eine Rille an der anterolateralen Kante des Schienbeins gleich über dem äußeren Condylus verläuft. Hier wird die Sehne durch eine breite faserige Schlinge an ihrem Platz gehalten , verläuft unter dem vorderen Ast der Ansatzsehne des *M. peroneus longus* und inseriert an einer Erhebung an der lateralen Kante des proximalen Endes des Tarsometatarsus.

Aktion: Streckt den Tarsometatarsus und kann ihn leicht abduzieren.

Vergleich: Zwischen den untersuchten Arten wurden keine signifikanten Unterschiede festgestellt.

Musculus gastrocnemius (Abb. 1 , 4). – Der größte Muskel des Beckenanhangs. Er bedeckt oberflächlich die gesamte hintere Oberfläche, den größten Teil der medialen Oberfläche und die Hälfte der lateralen Oberfläche des Crus. Der Muskel entspringt an drei verschiedenen Köpfen.

Die *Pars externa* bedeckt die posterolaterale Oberfläche des Crus, ist von mittlerer Größe zwischen den beiden anderen Köpfen und entspringt mit einer kurzen, kräftigen Sehne aus einem kleinen Knochenvorsprung auf der posterolateralen Seite des distalen Endes des Femurs unmittelbar proximal des Fibulakondylus. Die Sehne ist eng mit dem distalen Arm der Schlaufe für den *M. biceps femoris* verbunden .

Die *Pars media* ist der kleinste der drei Köpfe und liegt auf der medialen Oberfläche des Crus. Der Kopf der *Pars media* ist durch die Ansatzsehne des *M. semimembranosus* von der *Pars interna* getrennt und entspringt mit einer kurzen, kräftigen Sehne an der posteriormedialen Oberfläche des proximalen Endes des inneren Condylus des Femurs. Der proximale Anteil der *Pars media* hat sehnige Verbindungen mit der Sehne des *M. semitendinosus* und mit der *Pars posticus* des *M. adductor longus et brevis* .

Die *Pars interna* ist der größte der drei Köpfe und bedeckt den größten Teil der medialen Oberfläche des Crus. Dieser Kopf ist in seinem proximalen Abschnitt deutlich in einen vorderen und einen hinteren Teil unterteilt, wobei ersterer den letzteren medial überlappt. Der Ursprung des hinteren Teils ist fleischig und liegt in der vorderen Hälfte des Tibiakopfes. Einige der Fasern des vorderen Teils entspringen direkt aus der inneren Kniekante, während die übrigen Fasern aus der Patellasehne (Abb. 1) entspringen und ein Band bilden, das sich um die vordere Oberfläche des Knies erstreckt und den Ansatz des *M. sartorius bedeckt* .

Ungefähr auf halber Höhe des Crus entspringen die drei Köpfe der Ansatzsehne, der *Achillessehne* , die über die hintere Oberfläche des Schienbeinknorpels verläuft und fest mit dieser verbunden ist. Der Ansatz ist sehnig auf der hinteren Oberfläche des Hypotarsus und entlang der posterior-lateralen Kante des Tarsometatarsus. Diese Sehne scheint mit einer Faszie verbunden zu sein, die eine Hülle um die hintere Oberfläche des Tarsometatarsus bildet und die anderen Sehnen dieser Region fest im hinteren Sulcus hält.

Aktion: Erweitert den Tarsometatarsus.

Vergleich.—Die Untersuchung der *Pars externa* und *der Pars media* zeigt keine signifikanten Unterschiede zwischen den sezierten Arten. Die *Pars interna* unterliegt jedoch einigen Variationen, die weiter unten beschrieben werden.

Pars interna zweigeteilt

Vireo	*Chlorura*
Seiurus	*Pipilo*
Icterus	*Calamospiza*
Molothrus	*Chondestes*
Piranga	*Junco*
Richmondena	*Spizella*
Guiraca	*Zonotrichia*

$$
\begin{array}{ll}
\textit{Passerina} & \textit{Passerella} \\
\textit{Spiza} & \textit{Calcarius}
\end{array}
$$

Die beiden Teile des *M. gastrocnemius sind bei Vireo* am deutlichsten ausgeprägt
. *Bei Icterus* , *Molothrus* , *Richmondena* , *Guiraca* und *Passerina* fehlt das Faserband,
das um die Vorderseite des Knies verläuft. Bei *Spiza* ist dieses Faserband
kleiner als bei den anderen Arten.

Pars interna ungeteilt

$$
\begin{array}{ll}
\textit{Passant} & \\
\textit{Estrilda} & \textit{Pinicola} \\
\textit{Poephila} & \textit{Leucosticte} \\
\textit{Hesperiphona} & \textit{Spinus} \\
\textit{Carpodacus} & \textit{Loxia}
\end{array}
$$

Bei *Leucosticte ist* die *Pars interna zwar* ungeteilt, es gibt aber ein Faserband , das
sich um die Vorderseite des Knies erstreckt (siehe Diskussion, S. 183).

Musculus plantaris (Abb. 5). – Dieser kleine und schlanke Muskel liegt auf
der posteromedialen Oberfläche des Crus unterhalb der *Pars interna* des *M.
gastrocnemius* und entspringt mit fleischigen Fasern an der posteromedialen
Oberfläche des proximalen Endes der Tibia unmittelbar distal der inneren
Gelenkfläche. Der Bauch erstreckt sich ungefähr ein Sechstel des Crus
hinunter und führt zu einer langen, schlanken Sehne, die am
proximomedialen Rand des Tibiaknorpels ansetzt.

Aktion: Erweitert den Tarsometatarsus.

Vergleich: Zwischen den untersuchten Arten wurden keine signifikanten
Unterschiede festgestellt.

Musculus flexor perforatus digiti II (Abb. 3 , 9). – Dies ist ein schlanker
Muskel, der an der lateralen Seite des Crus unter der *Pars externa* des *M.
gastrocnemius liegt* und anteromedial eng mit dem *M. flexor digitorum longus* und
posteromedial mit dem *M. flexor hallucis longus verbunden ist* . Der Ursprung
liegt über eine kräftige Sehne an der lateralen Oberfläche des äußeren
Condylus des Femurs am Ursprungspunkt des *M. flexor perforans et perforatus
digiti II* . Diese Sehne dient auch als Ursprung des vorderen Kopfes des *M.
flexor hallucis longus* . Die Sehne ist außerdem über ein breites Sehnenband mit

dem distalen Arm der Schlaufe für den *M. biceps femoris* und über ein ähnliches Band mit der lateralen Kante des Wadenbeins unmittelbar distal des Kopfes verbunden. Die Ansatzsehne verläuft distal, durchdringt den Tibiaknorpel nahe ihrem lateralen Rand, durchquert den mittleren medialen Kanal des Hypotarsus (Abb. 6) und verläuft distal zum Fuß. Am distalen Ende des Tarsometatarsus wird die Sehne durch eine riemenartige Hülle an der medialen Oberfläche des ersten Mittelfußknochens gehalten. Die Sehne verläuft dann über ein Sesambein zwischen dem ersten Mittelfußknochen und der Basis des zweiten Fingers und ist durch eine Hülle mit diesem Knochen verbunden. Die Sehne setzt hauptsächlich entlang der posteromedialen Kante des proximalen Endes der ersten Phalanx des zweiten Fingers an, obwohl ihr Ende hüllenartig ist und die gesamte hintere Oberfläche dieser Phalanx bedeckt. Dieses hüllenartige Ende wird von den Sehnen des *M. flexor perforans et perforatus digiti II* und dem Ast des *M. flexor digitorum longus*, der am zweiten Finger ansetzt, durchbohrt.

Aktion: Beugt den zweiten Finger.

Vergleich : Bei *Vireo* ist dieser Muskel größer und tiefer gelegen als bei den anderen untersuchten Arten und hat keine Verbindung mit dem *M. flexor hallucis longus*.

Musculus flexor perforatus digiti III (Abb. 5). – Dieser lange und abgeflachte Muskel liegt auf der posterior-medialen Seite des Crus unter dem *M. gastrocnemius*. Der Bauch ist seitlich fest mit dem Bauch des *M. flexor hallucis longus* und posterior mit dem Bauch des *M. flexor perforatus digiti IV* verwachsen . Er entspringt einer langen, kräftigen Sehne aus einem kleinen Tuberkel direkt medial und am proximalen Ende des äußeren Condylus des Femurs. Unterhalb der Mitte des Crus endet dieser Muskel in einer kräftigen Sehne, die den Tibiaknorpel nahe ihrem lateralen Rand perforiert. In dieser Region ist die Sehne scheidenartig und um die Sehne des *M. flexor perforatus digiti IV* gewickelt . Diese beiden Sehnen verlaufen zusammen durch den posterior-lateralen Kanal des Hypotarsus (Abb. 6). Unmittelbar distal des Hypotarsus trennen sich die beiden Sehnen, und die Sehne des *M. flexor perforatus digiti III* nimmt einen Ast der Sehne des *M. peroneus longus* auf. Die Sehne verläuft distal über die Oberfläche der zweiten Trochlea und hat einen scheidenartigen Ansatz an der hinteren Oberfläche der ersten Phalanx und am proximalen Ende der zweiten. Im Bereich des Ansatzes wird diese Sehne von der Sehne des *M. flexor perforans et perforatus digiti III* und von der Sehne des *M. flexor digitorum longus* bis zum dritten Finger durchbohrt .

Aktion: Beugt den dritten Finger.

Vergleich: Bei *Passer* , *Estrilda* , *Poephila* , *Hesperiphona* , *Carpodacus* , *Pinicola* , *Leucosticte* , *Spinus* und *Loxia* sind die Ränder der scheidenartigen Sehne an den Ansatzstellen verdickt, so dass die Sehne zwei Äste zu haben scheint, die an den posterior-lateralen Rändern der ersten Phalanx ansetzen und medial durch eine Faszie verbunden sind.

Musculus flexor perforatus digiti IV (Abb. 3). – Dieser schlanke Muskel verläuft entlang der Hinterkante des Crus und liegt unterhalb des *M. gastrocnemius* . Sein Bauch ist mit denen des *M. flexor hallucis longus* und *des M. flexor perforatus digiti III verwachsen* . Sein Ursprung ist fleischig im Interkondyloidenbereich des distalen Endes des Femurs und einige Fasern entspringen der Ursprungssehne des *M. flexor perforatus digiti III* . Nahe dem distalen Ende des Crus entspringt aus dem Muskel die kräftige Ansatzsehne, die den Tibiaknorpel nahe ihrer seitlichen Kante durchbohrt und in dieser Region von der Sehne des *M. flexor perforatus digiti III umhüllt ist* . Die beiden Sehnen verlaufen gemeinsam durch den posterolateralen Kanal des Hypotarsus (Abb. 6). Die Sehne verläuft distal weiter entlang des Tarsometatarsus und der hinteren Oberfläche des vierten Fingers. Die Sehne gabelt sich ungefähr in der Mitte der ersten Phalanx. Ein kurzer lateraler Ast setzt an der posteriorlateralen Kante des proximalen Endes der zweiten Phalanx an. Der lange mediale Ast wird von einem Ast des *M. flexor digitorum longus durchbohrt* ; das distale Ende ist abgeflacht, hat verdickte Kanten und setzt über den hinteren Oberflächen des distalen Endes der zweiten Phalanx und über dem proximalen Ende der dritten Phalanx an.

Aktion: Beugt den vierten Finger.

Vergleich: Zwischen den untersuchten Arten wurden keine signifikanten Unterschiede festgestellt.

Musculus flexor perforans et perforatus digiti II (Abb. 2 , 9). – Dieser kleine, spindelförmige Muskel liegt auf der posteriorlateralen Seite des Crus unmittelbar unter der *Pars externa* des *M. gastrocnemius* . Der Ursprung ist fleischig und entspringt zusammen mit dem *M. flexor perforans et perforatus digiti III* an einem Punkt auf der posteriorlateralen Oberfläche des distalen Endes des Femurs zwischen dem Ursprungspunkt der *Pars externa* des *M. gastrocnemius* und dem Fibulacondylus. Der Bauch erstreckt sich ungefähr ein Viertel des Weges den Crus hinunter und lässt die Ansatzsehne entstehen , die distal und oberflächlich durch die hintere Kante des Tibiaknorpels verläuft. Die Sehne durchquert den posteromedialen Kanal des Hypotarsus (Abb. 6) und verläuft weiter entlang der hinteren Oberfläche des Tarsometatarsus. Zwischen dem ersten Mittelfußknochen und der Basis des zweiten Fingers wird die Sehne von der medialen Oberfläche eines Sesambeins umschlossen. Diese Sehne durchstößt dann die Sehne des *M. flexor perforatus digiti II* auf Höhe der ersten Phalanx und wird wiederum von der Sehne des *M. flexor digitorum longus am proximalen Ende der zweiten Phalanx* durchstoßen . Der Ansatz befindet sich auf der hinteren Oberfläche der zweiten Phalanx.

Aktion: Beugt den zweiten Finger.

Vergleich: Bei *Passer* , *Estrilda* , *Poephila* , *Hesperiphona* , *Carpodacus* , *Pinicola* , *Leucosticte* , *Spinus* und *Loxia* ist der proximale Teil dieses Muskels enger mit der hinteren Kante des *M. flexor perforans et perforatus digiti III verbunden* als bei den anderen untersuchten Arten.

Musculus flexor perforans et perforatus digiti III (Abb. 2). – Dieser lange und gefiederte Muskel liegt auf der lateralen Oberfläche des Crus unter dem *M. peroneus longus* und *der Pars externa* des *M. gastrocnemius* . Es gibt zwei verschiedene Köpfe. Der Ursprung des vorderen Kopfes ist fleischig am proximalen Rand der äußeren Knieleiste und am inneren Rand des distalen Endes der Patellasehne. Der hintere Kopf entspringt durch eine Sehne aus dem Femur zusammen mit dem *M. flexor perforans et perforatus digiti II* , ist auch mit der Ursprungssehne des *M. flexor perforatus digiti II verbunden* und lose mit dem Kopf des Wadenbeins verbunden. Fasern aus dem Muskelbauch haften über seine gesamte Länge am lateralen Rand des Wadenbeins fest und der Muskel ist auch fest mit benachbarten Muskeln verwachsen. Die Ansatzsehne bildet sich ungefähr auf halber Höhe des Crus. Die Sehne durchstößt die hintere Oberfläche des Tibiaknorpels und verläuft durch den posteromedialen Kanal des Hypotarsus (Abb. 6). An der Basis des dritten Fingers umhüllt die Sehne die des *M. flexor digitorum longus* und beide zusammen durchstoßen die Sehne des *M. flexor perforatus digiti III* . Unmittelbar distal dieser Perforation umhüllt die Sehne des *M. flexor perforans et perforatus digiti III nicht mehr die des M. flexor digitorum longus* . Letztere verläuft unter der des ersteren. Nahe dem distalen Ende der zweiten Phalanx durchstößt die Sehne des *M. flexor digitorum longus* die des *M. flexor perforans et perforatus digiti III* . Letztere setzt an der hinteren Oberfläche des distalen Endes der zweiten Phalanx und am proximalen Ende der dritten Phalanx an.

Aktion: Beugt den dritten Finger.

Vergleich: Bei *Passer* , *Estrilda* und *Poephila* und bei allen untersuchten Cardueline-Affinen ist der proximale Teil dieses Muskels enger mit der Vorderkante des *M. flexor perforans et perforatus digiti II verbunden* als bei den anderen untersuchten Arten.

Musculus flexor digitorum longus (Abb. 3 , 5). – Dieser starke, gefiederte Muskel liegt tief entlang der hinteren Flächen von Tibia und Fibula. Er hat zwei verschiedene Ursprungsköpfe. Der laterale Kopf entspringt mittels fleischiger Fasern an der Hinterkante des Fibulakopfes. Der mediale Kopf entspringt mittels fleischiger Fasern aus der Region unter den leistenartigen äußeren und inneren Gelenkflächen des proximalen Endes des Tibia. Keiner der Köpfe hat irgendeine Verbindung mit dem Femur, im Gegensatz zu dem von Hudson (1937: 46-47) bei der Krähe, *Corvus brachyrhynchos* , und dem Raben, *Corvus corax, beschriebenen Zustand* . Nahe der Insertionsstelle des *M. biceps femoris* verschmelzen die beiden Köpfe. Der gemeinsame Bauch ist auf zwei Dritteln der Strecke des Crus durch fleischige Fasern mit der Hinterfläche von Tibia und Fibula verbunden . Nahe dem distalen Ende des Crus endet der Muskel in einer starken Sehne, die tief durch den Tibiaknorpel verläuft und den anteromedialen Kanal des Hypotarsus durchquert (Abb. 6). Ungefähr auf halber Höhe des Tarsometatarsus verknöchert diese Sehne. Unmittelbar über der Zehenbasis entspringen drei Äste, einer zur Hinterfläche jedes Vorderzehens. Diese Äste durchbohren die anderen Beugemuskeln der Zehen, wie in der Beschreibung dieser Muskeln beschrieben, und setzen wie folgt an: Der Ast zum zweiten Finger setzt an der Basis der Hufenphalanx und mit einem kräftigen, sehnigen Schlupf am distalen Ende der zweiten Phalanx an (Abb. 9). Der Ast zum dritten Finger setzt an der Basis des distalen Endes der dritten Phalanx an und mit einem stärkeren Schlupf am distalen Ende der zweiten oder proximalen Ende der dritten. Der Ast zum vierten Finger setzt an der Basis der Hufenphalanx an und verläuft mit einem Sehnenstrang zum distalen Ende der dritten Phalanx und einem weiteren zum distalen Ende der vierten Phalanx.

Aktion: Beugt die Vorderzehen.

Vergleich: Zwischen den untersuchten Arten wurden keine signifikanten Unterschiede festgestellt.

Musculus flexor hallucis longus (Abb. 3). – Unmittelbar hinter dem *M. flexor digitorum longus gelegen* , ist der Bauch dieses großen, gefiederten Muskels vorne eng mit dem des *M. flexor perforatus digiti II verbunden* . Der *M. flexor hallucis longus* entspringt aus zwei Köpfen, die durch die Ansatzsehne des *M. biceps femoris getrennt sind* . Der kleinere vordere Kopf entspringt derselben Sehne wie der *M. flexor perforatus digiti II* . Der größere hintere Kopf entspringt mittels fleischiger Fasern aus der Interkondyloideregion der hinteren Oberfläche des Femurs zusammen mit dem *M. flexor perforatus digiti III* und *IV* . Die beiden Köpfe sind direkt distal des Ansatzes des *M. biceps femoris verbunden* . Es gibt keine Spur eines Sehnenbandes, das die beiden Köpfe verbindet, wie es bei der Krähe und dem Raben der Fall ist (Hudson,

1937:49). Nahe dem distalen Ende des Unterschenkels entspringt aus dem Muskel eine starke Sehne, die den Schienbeinknorpel entlang seiner seitlichen Kante durchbohrt und durch den anterolateralen Kanal des Hypotarsus verläuft (Abb. 6). Die Sehne kreuzt zur medialen Oberfläche des Tarsometatarsus, verläuft distal und durchbohrt die scheidenartige Sehne des *M. flexor hallucis brevis* zwischen dem ersten Mittelfußknochen und der Trochlea für den zweiten Finger. Die Sehne verläuft weiter entlang der hinteren Oberfläche der Großzehe und hat einen doppelten Ansatz; die Hauptsehne setzt an der Basis der Ungualphalanx an und ein kleinerer Ast setzt am distalen Ende der proximalen Phalanx an.

Aktion: Beugt den Großzehenmuskel.

Vergleich.—Bei *Vireo* hat dieser Muskel nur den hinteren Ursprungskopf und ist nicht mit dem *M. flexor perforatus digiti II verbunden* . Der Muskel ist proportional kleiner und schwächer als bei allen anderen untersuchten Arten.

Musculus extensor hallucis longus (Abb. 4). – Einer der kleinsten Muskeln des Beins. Der Ursprung ist fleischig am anteromedialen Rand des proximalen Endes des Tarsometatarsus. Der Bauch ist lang und schlank und endet distal in einer schlanken Sehne, die distal entlang der hinteren Flächen des ersten Mittelfußknochens und des ersten Fingers verläuft. Der Ansatz befindet sich an der Basis der Hufphalanx. Nahe dem distalen Ende der proximalen Phalanx verläuft die Sehne zwischen zwei dicken Bändern aus fibroelastischem Gewebe, die ebenfalls an der Hufphalanx ansetzen. Diese Gewebebänder fungieren als automatische Strecker der Klaue.

Aktion: Streckt den Großzehenknochen; die Aktion muss gering sein.

Vergleich: Bei *Vireo* ist dieser Muskel verhältnismäßig größer und besser entwickelt als bei allen anderen untersuchten Arten.

Musculus flexor hallucis brevis (Abb. 4). – Dieser winzige Muskel hat einen fleischigen Ursprung an der medialen Oberfläche des Hypotarsus. Der kurze Bauch endet in einer schwachen, schlanken Sehne, die an der posteromedialen Oberfläche des Tarsometatarsus entlang und in den Raum zwischen dem ersten Mittelfußknochen und der Trochlea für den zweiten Finger verläuft. In dieser Region umhüllt die Sehne die Sehne des *M. flexor hallucis longus* und setzt am distalen Ende des ersten Mittelfußknochens und am proximalen Ende der ersten Phalanx des ersten Fingers an.

Aktion: Beugt den Großzehenmuskel; die Aktion muss leicht sein.

Vergleich. – Die geringe Größe dieses Muskels macht seine Untersuchung außerordentlich schwierig. Der Muskel ist bei *Vireo größer* als bei allen anderen untersuchten Arten. Dies kann mit der geringeren Größe des *M. flexor hallucis longus bei dieser Art* zusammenhängen . Der Muskel scheint bei den Carduele-Finken nicht so gut entwickelt zu sein wie bei den anderen Arten.

Musculus abductor digiti IV (Abb. 2). – Dieser Muskel ist extrem klein, empfindlich und schwer zu zeigen. Er entspringt in einem fleischigen Ursprung unmittelbar unter der Hinterkante der äußeren Cotyla des Tarsometatarsus. Die Ansatzsehne ist lang und dünn und setzt entlang der seitlichen Kante der ersten Phalanx des vierten Fingers an.

Aktion: Entführt den vierten Finger.

Vergleich: Zwischen den untersuchten Arten wurden keine signifikanten Unterschiede festgestellt.

Musculus lumbricalis. – Dieser über die gesamte Länge halbsehnige Muskel entspringt der verknöcherten Sehne des *M. flexor digitorum longus* an einem Punkt unmittelbar proximal der Verzweigung dieser Sehne. Der Ansatz befindet sich an den Gelenkscheiben und -kapseln an der Basis des dritten und vierten Fingers.

Aktion.—Hudson (1937:57) gibt an: „Meckel (*siehe* Gadow—1891, S. 204) war der Ansicht, dass dieser Muskel dazu dient, die Gelenkrolle nach hinten zu ziehen, um sie beim Beugen der Zehen vor Einklemmen zu schützen. Er neigt vielleicht auch dazu, den dritten und vierten Finger zu beugen."

Vergleich: Zwischen den untersuchten Arten wurden keine signifikanten Unterschiede festgestellt.

Diskussion der myologischen Untersuchungen

Simpson (1944:12) und andere haben betont, dass sich verschiedene Teile von Organismen unterschiedlich schnell entwickeln. Beecher (1951b:275) stellt fest: „... die Hinterbeine haben in der gesamten Ordnung der Sperlingsvögel ein sehr ähnliches Muskelmuster und scheinen relativ statisch geworden zu sein, nachdem sie ein hohes Maß an allgemeiner Leistungsfähigkeit erreicht haben ...", was darauf schließen lässt, dass das Muskelmuster des Beins von langer Dauer sein und sich langsam verändern muss. Dieses Konzept wurde von Hudson (1937) unterstrichen, der nur geringe Unterschiede im Muskelmuster zwischen den Mitgliedern der verschiedenen Familien der Sperlingsvögel feststellte. Dieses Konzept wird durch die vorliegende Untersuchung weiter bestätigt . Die komplizierten Muster von Ursprung und Ansatz scheinen trotz der aufgetretenen adaptiven Radiation innerhalb der gesamten Ordnung nahezu gleich zu bleiben.

wurden jedoch zwei wesentliche Unterschiede in der Beinmuskulatur festgestellt , und diese Unterschiede sind bedeutsam, da sie zwischen den Unterfamilien einheitlich sind. Die beteiligten Muskeln sind der *M. obturator externus* und die *Pars interna* des *M. gastrocnemius* .

Der *M. obturator externus* ist bei den von Hudson (1937) untersuchten Sperlingsvögeln und bei allen von mir untersuchten Arten außer den Singschwalben und den Kardinalfinken zweigeteilt und besteht aus dorsalen und ventralen Teilen. Bei den Singschwalben und Kardinalfinken ist dieser Muskel ungeteilt und ähnelt in seiner Position, seinem Ursprung und seinem Ansatz nur dem ventralen Teil des Muskels, der bei den anderen untersuchten Vögeln gefunden wurde. Es ist schwer vorstellbar, welcher Vorteil oder Nachteil mit dem zweigeteilten oder ungeteilten Zustand verbunden sein könnte. Die Funktion dieses Muskels besteht darin, den Oberschenkelknochen zu drehen (rechter Oberschenkelknochen im Uhrzeigersinn, linker Oberschenkelknochen gegen den Uhrzeigersinn), und sicherlich könnte die größere Masse des zweigeteilten Muskels einer solchen Funktion mehr Kraft verleihen. Die mögliche Bedeutung davon wird weiter unten erörtert .

Liste der in den Abbildungen verwendeten Abkürzungen

Abd. graben . IV

M. abductor digiti IV

Acc.

M. accessorius semitendinosi

Hinzufügen. lang .

M. adductor langer und kurzer

Anterolat. kann . Anterolateraler Kanal des Hypotarsus

Anteromed. kann . Anteromedialer Kanal des Hypotarsus

Bic. fem.

M. biceps femoris

Bic. Schleife Schleife für

m . Bizeps femoris

Äußere Keimzelle

Ext. dig. 1 .

M. extensor digitorum longus

Außenhalf 1 .

M. extensor hallucis longus

Fem. tib. ext.

M. femorotibialis externus

Fem. tib. int.

M. femorotibialis internus

Weiblich. tib. med .

M. femorotibialis medius

F. dig. ich .

M. flexor digitorum longus

F. hal. brev.

M. flexor hallucis brevis

F. hal. ich .

M. flexor hallucis longus

F. S. und pd II

M. flexor perforans et perforatus digiti II

F. S. und pd III

M. flexor perforans et perforatus digiti III

F. per. d. II

M. flexor perforatus digiti II

F. per. d. III

M. flexor perforatus digiti III

F. pro. D. IV

M. flexor perforatus digiti IV

Gas.

M. gastrocnemius

Iliacus

M. iliacus

Il. tib.

M. iliotibialis

Il. trok. Ameise .

M. iliotrochantericus anticus

Il. trok. med .

M. iliotrochantericus medius

Il. trok. Post .

M. iliotrochantericus posticus

Innere Keimzelle

Isch. weiblich.

M. ischiofemoralis

Mittelmedialer Kanal des Hypotarsus

Erhalten Sie die Durchwahl

Musculus obturator externus

Obt. int.

M. obturator internus

P. Ameise.

Pars anticus

P. Durchwahl

Pars externa

S. int.

Pars interna

med.

Pars-Medien

P. Beitrag.

Pars posticus

Per. abgekürzt.
Musculus peroneus brevis

Pro. lang.
M. peroneus longus

Pirif.
M. piriformis

Planen.
M. plantaris

Posterolat. kann . Posterolateraler Kanal des Hypotarsus

Posteromed. kann . Posteromedialer Kanal des Hypotarsus

Sar .
M. sartorius

Halbm.
M. semimembranosus
Semit.
M. semitendinosus

Tib. Ameise .
M. tibialis anticus

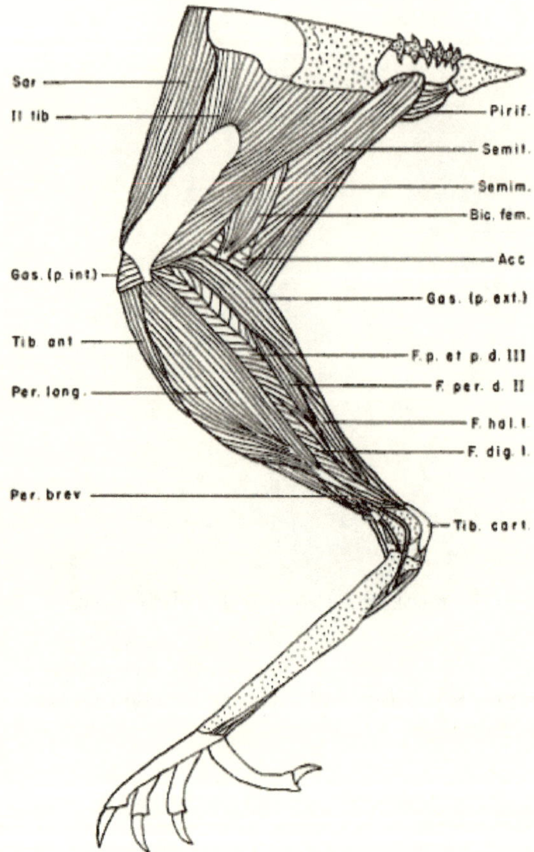

ABB. 1. *Pipilo erythrophthalmus.* Laterale Ansicht der oberflächlichen Muskeln des linken Beins, × 1,5.

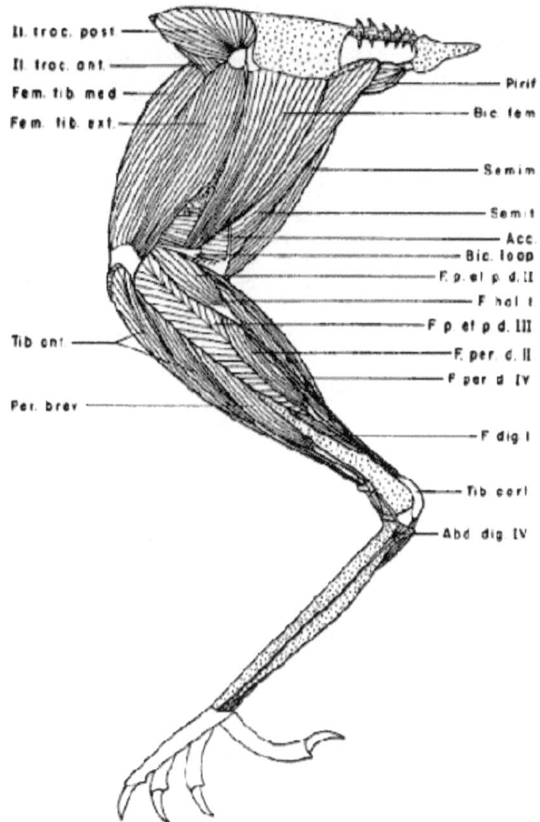

ABB. 2. *Pipilo erythrophthalmus*. Seitliche Ansicht des linken Beins, die eine tiefere Muskelgruppe zeigt. Die oberflächlichen Muskeln *iliotibialis* , *sartorius* , *gastrocnemius* und *peroneus longus* wurden entfernt, × 1,5.

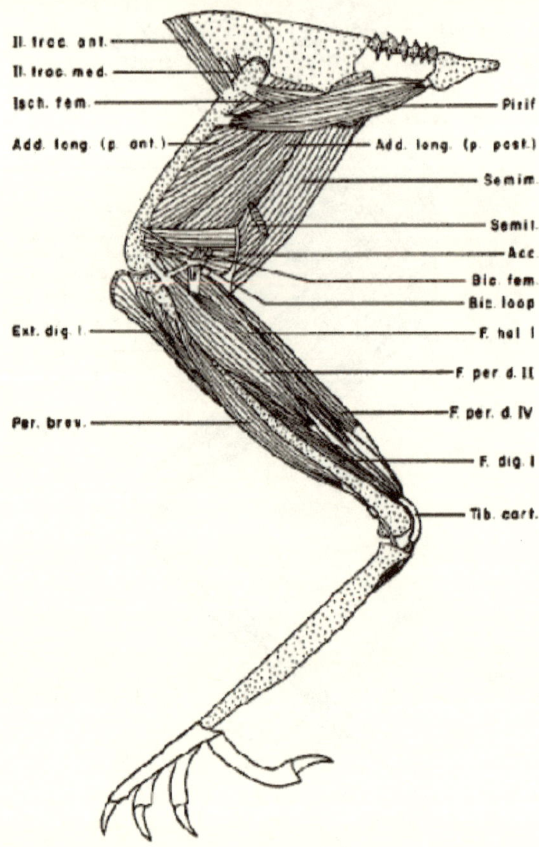

ABB. 3. *Pipilo erythrophthalmus*. Seitliche Ansicht des linken Beins, die die noch tiefer liegenden Muskeln zeigt. Zusätzlich zu den in Abbildung 2 aufgeführten Muskeln wurden die folgenden Muskeln ganz oder teilweise entfernt: *iliotrochantericus posticus* , *femorotibialis externus* , *femorotibialis medius* , *biceps femoris* , *semitendinosus* , *tibialis anticus* , *flexor perforans et perforatus digiti II* und *flexor perforans et perforatus digiti III* , × 1,5.

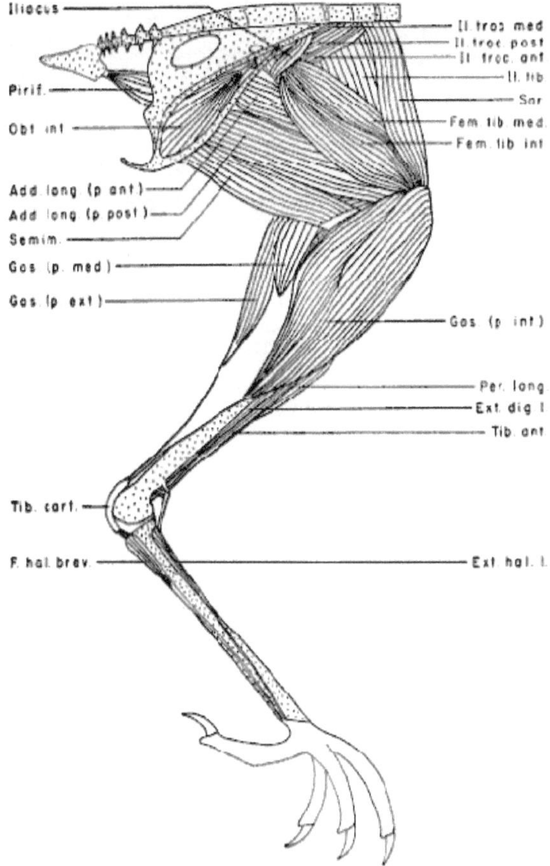

ABB. 4. *Pipilo erythrophthalmus*. Mediale Ansicht der oberflächlichen Muskeln des linken Beins, × 1,5.

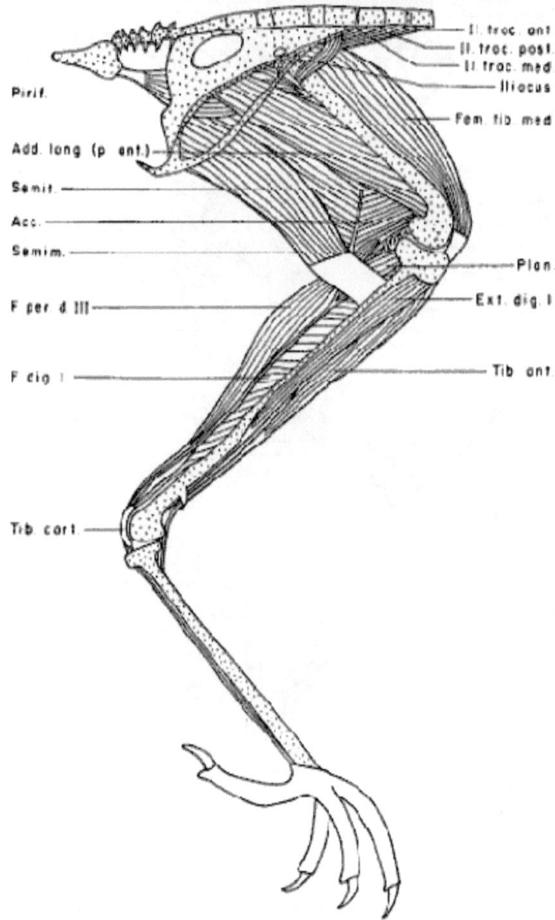

ABB. 5. *Pipilo erythrophthalmus*. Mediale Ansicht des linken Beins, die eine tiefer liegende Muskelgruppe zeigt als in Abbildung 4. Die folgenden oberflächlichen Muskeln wurden entfernt: Musculus *iliotibialis* , *Musculus sartorius* , *Musculus femorotibialis internus* , *Musculus obturator internus* , *Musculus adductor longus (Pars posticus)* , *Musculus gastrocnemius* und *Musculus peroneus longus* , × 1,5.

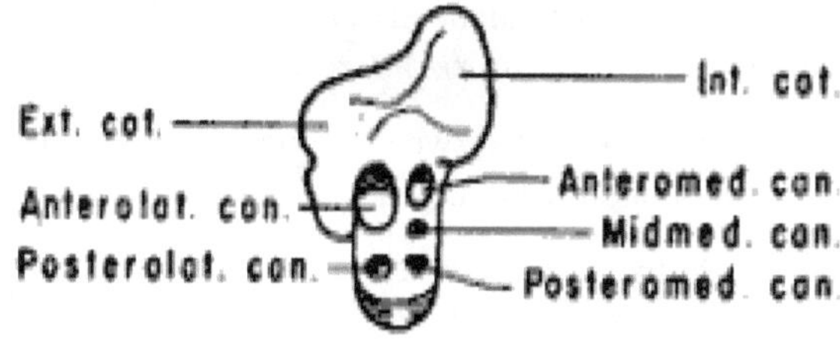

Abbildung 6

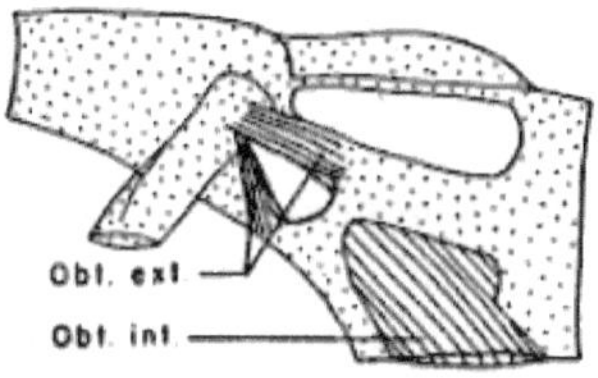

Abbildung 7

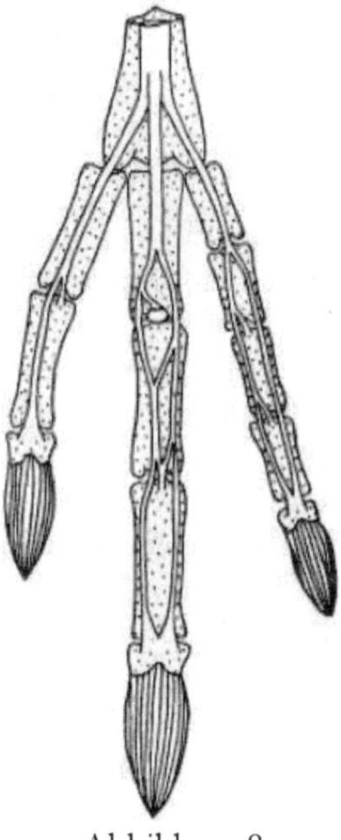

Abbildung 8

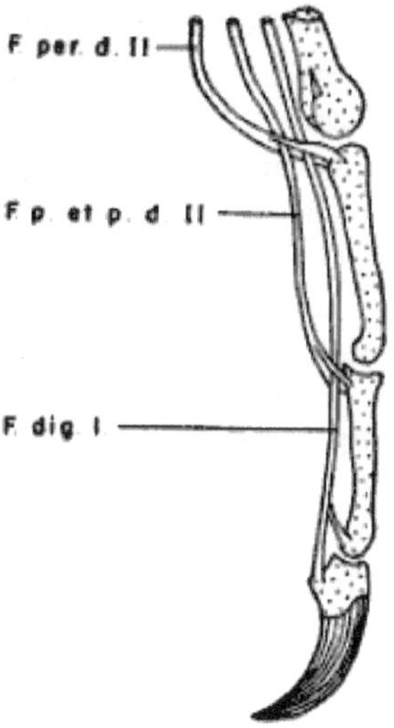

Abbildung 9

ABB. 6. *Pipilo erythrophthalmus.* Proximales Ende des linken Tarsometatarsus und des Hypotarsus, × 4.

ABB. 7. *Pipilo erythrophthalmus.* Seitliche Ansicht des proximalen Endes des linken Oberschenkelknochens und eines Teils des Beckens, × 3,5.

ABB. 8. *Pipilo erythrophthalmus*. Oberseiten der Phalangen der Vorderzehen des linken Fußes mit Ansatzstellen des *M. extensor digitorum longus* , × 3.

ABB. 9. *Pipilo erythrophthalmus*. Mediale Ansicht des zweiten Fingers des linken Fußes, mit sichtbaren Ansätzen der Beugemuskeln, × 3.

Die Teilung der *Pars interna* des *M. gastrocnemius* in einen vorderen und einen hinteren Teil wurde von früheren Autoren nicht beschrieben, doch ist die Teilung bei den Vögeln, bei denen sie vorkommt, ganz deutlich. Hudson (1937:36) weist darauf hin, dass bei einigen Nicht-Sperlingsvögeln die *Pars interna* doppelt ist, dass bei diesen Arten aber der *M. semimembranosus* zwischen den beiden Teilen eingefügt ist. Dies ist bei den von mir untersuchten Arten nicht der Fall. Nur die Ploceidae und die Cardueline-Finken in der vorliegenden Untersuchung weisen keine solche Teilung auf. Der ungeteilte Muskel dieser Vögel ähnelt in seinem Ursprung und seiner Position dem hinteren Teil des Muskels, der bei den Arten mit zweigeteiltem Zustand gefunden wurde. Die größere Masse des zweigeteilten Muskels ermöglicht wahrscheinlich eine stärkere Streckung des Tarsometatarsus.

Der geteilte oder ungeteilte Zustand des *M. obturator externus* und des *Pars interna* des *M. gastrocnemius* scheint also mit dem Kraftgrad bestimmter Beinbewegungen in Zusammenhang zu stehen . Es ist denkbar, dass diese Strukturunterschiede mit der Art und Weise der Nahrungsbeschaffung in Zusammenhang stehen, da die Vögel mit den zweigeteilten Muskeln diejenigen sind, die die meiste Zeit am Boden verbringen und nach Samen und anderen Nahrungssorten suchen und scharren. Doch ist die Struktur bei *Leucosticte* , einer Cardueline, und bei *Calcarius* , einer Emberizine, deren Nahrungssuchgewohnheiten ziemlich ähnlich sind, unterschiedlich . *Leucosticte* ähnelt den Emberizines sowie *Piranga* und *Spzia* in der Verlängerung eines Bandes von Muskelfasern vom *Pars interna* des *M. gastrocnemius* um die Vorderseite des Knies. Ein Band von Muskelfasern dieser Art stärkt das Kniegelenk und verleiht der *Pars interna noch mehr Kraft* . Dieser Zustand wurde von Hudson (1937) bei einer Reihe von Vögeln beschrieben und ist aller Wahrscheinlichkeit nach eine Anpassung an eine größere Kraft bei bestimmten Beinbewegungen. Die Entwicklung dieses Bandes bei *Leucosticte* scheint parallel zu der bei den anderen untersuchten Vögeln zu verlaufen und weist nicht auf eine Verwandtschaft hin, da dieses Band bei *Leucosticte* aus dem ungeteilten Muskel entsteht, der (wie oben erwähnt) nur dem hinteren Teil des zweigeteilten Muskels ähnelt, der bei den anderen Vögeln beschrieben wurde. Bei letzteren entsteht das Muskelband aus dem vorderen Teil des Muskels.

Kleinere Unterschiede im Muskelmuster, wie die bereits erwähnten, sind auch zwischen den Unterfamilien konsistent, aber die Korrelation dieser kleinen Unterschiede mit der Funktion ist schwierig. Dies lässt jedoch darauf schließen, dass bei allen Gruppen außer den Carduelines und Ploceidae der Schwerpunkt auf größerer Kraft und Beweglichkeit des Beins liegt. Bei den untersuchten Carduelines reicht der Ursprung des M. *sartorius nicht* so weit nach kranial wie bei den anderen Arten. Bei letzteren liegt mindestens die Hälfte des Ursprungs an den letzten ein oder zwei freien Rückenwirbeln; bei den Carduelines liegt nicht mehr als ein Drittel des Ursprungs vor dem Darmbein. Es ist denkbar, dass die Vorwärtsbewegung des Oberschenkels umso stärker ist, je weiter kranial der Ursprung liegt.

Bei *Passer*, *Estrilda* und *Poephila* sowie bei allen untersuchten Cardueline-Finken sind die Bäuche des *M. flexor perforans et perforatus digiti II* und des *M. flexor perforans et perforatus digiti III* enger miteinander verbunden als bei den anderen untersuchten Arten. Daher ist das Ausmaß der unabhängigen Aktivität dieser Muskeln bei *Passer*, den Estrilda und den Cardueline-Finken wahrscheinlich verringert.

Bei *Passer*, den Estrildines und den Carduelines sind die Ränder der scheidenartigen Ansatzsehne des *M. perforatus digiti III* sind verdickt; dadurch erscheint der Ansatz oberflächlich doppelt, bei näherer Betrachtung zeigt sich jedoch, dass zwischen den verdickten Rändern eine Faszie gespannt ist. Bei den anderen untersuchten Arten ist der Ansatz durchgehend scheidenartig und es gibt keine verdickten Bereiche. Funktionell kann ich das nicht erklären. Der Unterschied ist jedoch deutlich und konstant.

Außer den oben genannten Unterschieden gab es Variationen im Muskelmuster, die nur bei *Vireo olivaceus von Bedeutung zu sein scheinen*. Bei dieser Art fehlt der zentrale, aponeurotische Teil des *M. iliotibialis*. *Der M. adductor longus et brevis* hat seinen Ursprung am dorsalen Rand des Ischiopubischen Fensters und nicht in der Membran, die dieses Fenster bedeckt. Der Ursprung der *Pars posticus* dieses Muskels ist außerdem fleischig und nicht sehnig wie bei den anderen Arten. Der *M. flexor perforatus digiti II ist bei Vireo* größer und liegt tiefer und hat außerdem keine Verbindung mit dem *M. flexor hallucis longus*. Letzterer Muskel ist kleiner und schwächer als bei allen anderen Arten und hat nur einen (den hinteren) Ursprungskopf. Der *M. flexor hallucis brevis* ist dagegen größer als bei den anderen Vögeln, was wahrscheinlich den kleinen *M. kompensiert. flexor hallucis longus*. In den Unterschieden jedoch, die die Cardueline- und Ploceide-Vögel von den anderen untersuchten Vögeln unterscheiden, ähnelt *Vireo* in jedem Fall den Richmondine-Vögeln, Emberizine-Vögeln, Tangaren, Waldsängern und Amseln.

Aufgrund der Unterschiede in der Beinmuskulatur können die Arten, die heute zur Familie Fringillidae gezählt werden, in zwei Gruppen unterteilt werden. Die eine Gruppe umfasst die Richmondiden und die Emberiziden, die andere die Carduelines. Die Muskelmuster der Beine der Vögel der ersten

Gruppe sind von denen von *Seiurus* , *Icterus* , *Molothrus* und *Piranga nicht zu unterscheiden* und ähneln, bis auf die festgestellten Unterschiede , denen von *Vireo* . Die Carduelines hingegen ähneln in allen Punkten der Beinmuskulatur den untersuchten Ploceiden . Die Heterogenität der Familie Fringillidae, wie sie heute erkannt wird, wird also durch Unterschiede in den Muskelmustern der Beine unterstrichen.

Vergleichende Serologie

Allgemeine Aussage

Die Anwendung serologischer Techniken auf die Probleme der Verwandtschaftsverhältnisse zwischen Tieren wurde über einen Zeitraum von etwa fünfzig Jahren mit unterschiedlichem Erfolg versucht. Nur wenige der früheren Studien waren quantitativer Natur, doch im letzten Jahrzehnt wurden zufriedenstellende quantitative serologische Techniken entwickelt , mit denen taxonomische Verwandtschaftsverhältnisse geschätzt werden können. Die Nützlichkeit der vergleichenden Serologie in der Taxonomie wurde bei Untersuchungen vieler Gruppen nachgewiesen, bei denen die erzielten Ergebnisse in den meisten Fällen mit den Ergebnissen herkömmlicherer Methoden, wie der vergleichenden Morphologie, kompatibel waren. Wie Boyden (1942:141) feststellte, „ist die vergleichende Serologie ... kein einfacher Leitfaden zur Verwandtschaftsbeziehung zwischen Tieren". Die Objektivität ihrer Methoden, die Tatsache, dass sie auf dem Vergleich biochemischer Systeme basiert, die sich als Reaktion auf äußere Umwelteinflüsse relativ langsam zu verändern scheinen, und die Tatsache, dass die Ergebnisse quantitativer Natur sind, sprechen jedoch dafür, wenn möglich neben den Daten aus herkömmlicheren Quellen auch Daten aus der vergleichenden Serologie einzubeziehen, wenn versucht wird, die Verwandtschaftsverhältnisse zwischen Tiergruppen zu bestimmen.

Die Anwendung serologischer Methoden in der Ornithologie ist nicht weit verbreitet. Irwin und Cole (1936) sowie Cumley und Irwin (1941, 1944) verwendeten zwei Taubenarten und ihre Hybriden und zeigten, dass eine Unterscheidung zwischen den roten Blutkörperchen dieser Vögel mithilfe immunologischer Methoden unter Verwendung der Agglutininreaktion vorgenommen werden konnte. McGibbon (1945) konnte die roten Blutkörperchen interspezifischer Hybriden bei Enten mithilfe ähnlicher Methoden unterscheiden. Irwin (1953) verwendete ähnliche Techniken in seiner Studie über die Evolutionsmuster einiger antigener Substanzen der Blutzellen von Vögeln der Familie Columbidae. Sasaki (1928) zeigte die Nützlichkeit der Präzipitintechnik zur Unterscheidung von Entenarten und ihren Hybriden. Diese Technik wurde auch von DeFalco (1942) und Martin und Leone (1952) erfolgreich eingesetzt. Anhand von Gruppen bekannter Verwandtschaftsverhältnisse zeigten diese Forscher, dass die „akzeptierten" systematischen Positionen bestimmter Vögel durch serologische Verfahren bestätigt wurden. Die Präzipitinreaktion wurde vor der vorliegenden Studie jedoch noch nie auf tatsächliche Probleme in der Vogeltaxonomie angewendet .

Herstellung von Antigenen

Obwohl die meisten früheren Arbeiten in der vergleichenden Serologie, bei denen Präzipitintests verwendet wurden, die Verwendung von Vollseren als Antigene beinhalteten, zeigten Martin und Leone (1952), dass Gewebeextrakte als Antigene zufriedenstellend sind und dass mit diesen Extrakten und den Antiseren dagegen eine serologische Differenzierung erreicht werden kann. Ich beschloss daher, bei diesen Untersuchungen solche Extrakte zu verwenden, da es aufgrund der geringen Größe der zu testenden Vögel nicht praktikabel war, genügend Vollseren zu erhalten.

Die meisten der verwendeten Vögel wurden erschossen, einige wurden jedoch gefangen und die exotischen Arten lebend von einem Tierhändler gekauft. Nach dem Töten eines Vogels wurde der gesamte Verdauungstrakt sorgfältig entfernt, um das Entweichen von Verdauungsenzymen in das Gewebe und eine Fäulnis durch die Darmbakterien zu verhindern. So bald wie möglich (und in jedem Fall innerhalb von drei Stunden) wurde der Vogel gehäutet, Kopf, Flügel und Beine entfernt und der Körper eingefroren. Jedes Exemplar, bestehend aus Rumpf, Herz, Lunge und Nieren, wurde einzeln und sorgfältig in Aluminiumfolie eingewickelt, um ein Austrocknen des Gewebes zu verhindern. Die Exemplare wurden bis zur Herstellung der Extrakte gefroren aufbewahrt.

Zur Herstellung eines Extrakts ließ man die Probe auftauen, aber nicht erwärmen. In einem Kühlraum, in dem alle Geräte und Reagenzien eine Temperatur von 2 °C hatten, wurde die Probe in einen Waring-Mischer mit einer 0,9-prozentigen wässrigen NaCl-Lösung gegeben, die mit M/150 K_2HPO_4 und M/150 Na_2HPO_4 auf einen pH-Wert von 7,0 gepuffert war. Die verwendete Reagenzmenge betrug 75 ml Kochsalzlösung pro Gramm zu extrahierendes Gewebe . Das Gewebe wurde im Mixer zerkleinert , 72 Stunden bei 2 °C stehen gelassen und die Geweberückstände durch Zentrifugieren in einer Kühlzentrifuge entfernt. Einem Teil des Überstands wurde so viel Formalin zugesetzt, dass die Endverdünnung 0,4 Prozent betrug. Diese Formalinisierung erwies sich als notwendig, um die Wirkung autolytischer Enzyme während des zur Durchführung der Untersuchungen erforderlichen Zeitraums zu hemmen . Die Auswirkungen der Formolisierung auf die Antigenität und Reaktivität von Proteinen werden später erörtert . Es war notwendig, die „nativen" (nicht formalisierten) Extrakte zu sterilisieren und zu klären; dies geschah durch Filtration durch einen Seitz-Filter. Diese „nativen" Substanzen wurden nur in den frühen Phasen der Untersuchung verwendet (siehe unten). Das Filtrat wurde in Flaschen abgefüllt und bei 2 °C gelagert. In den frühen Phasen dieser Untersuchung wurde die Klärung des formalisierten Extrakts durch dieselbe Art der Filtration erreicht . Es wurde jedoch festgestellt , dass Zentrifugation in einer gekühlten Zentrifuge bei hoher Geschwindigkeit (17.000 g) denselben Zweck erfüllte und schneller war. Die formalisierten Extrakte wurden in Flaschen abgefüllt und ebenfalls bei 2 °C gelagert (obwohl eine gekühlte Lagerung der formalisierten Extrakte nicht notwendig erscheint). Für jeden Extrakt wurde die vorhandene Proteinmenge kolorimetrisch nach der Methode von Greenberg (1929) mit einem Leitz-Photometer bestimmt.

Die Arten , für die Extrakte hergestellt wurden, und die Proteinwerte der Extrakte sind in Tabelle 1 aufgeführt . Extrakte einiger Arten wurden während des größten Teils des Experiments verwendet ; Extrakte anderer Arten wurden nur bei Bedarf zu Vergleichszwecken verwendet.

TABELLE 1.—SPEZIES, AUS DENEN EXTRAKTE HERGESTELLT WURDEN, UND INJEKTIONSSCHEMATA FÜR EXTRAKTE, GEGEN DIE ANTISEREN HERGESTELLT WURDEN

.		
SPEZIES	Protein, g pro 100 ml	Injektionspläne zur Herstellung von Antiseren
Myiarchus crinitus (Linnaeus)	0,65	Serie 1: Intravenös, 0,5, 1,0, 2,0 und 4,0 ml.
Passer domesticus	1,40	Serie 1: Subkutan, 0,5, 1,0, 2,0 und 4,0 ml.
Estrilda Amandava	0,45	[A] Serie 1: Intravenös, 0,5, 1,0, 2,0 und 4,0 ml. [A] Serie 2: Subkutan, 0,5, 1,0 und 2,0 ml. Intraperitoneal, 8,0 ml.
Poephila guttata	0,56	[A] Dasselbe wie für *Estrilda* .
Molothrus ater	0,65	Serie 1: Intravenös und subkutan, jeweils 0,5 und 0,5 ml, 1,0 und 1,0 ml, 3,0 und 1,0 ml, 5,0 und 3,0 ml. Serie 2: Subkutan, 0,5, 1,0, 2,0 und 4,0 ml.
Piranga rubra	0,50	Dasselbe wie für *Molothrus* .
Richmondena cardinalis	0,70	[A] Dasselbe wie für *Estrilda* .
Richmondena cardinalis	0,60	Dasselbe wie für *Spinus* .
Passerina cyanea	0,45	Antiserum nicht hergestellt.
Spiza americana	0,70	Dasselbe wie für *Molothrus* .
Carpodacus purpureus	0,50	Antiserum nicht hergestellt.
Spinus tristis	0,49	Serie 1: Intravenös, 0,5, 1,0, 2,0 und 4,0 ml. Serie 2: Intravenös, 0,5, 1,0, 2,0 und 4,0 ml. Serie 3: Subkutan, 0,5, 1,0, 2,0 und 4,0 ml.

Pipilo erythrophthalmus	0,92	Antiserum nicht hergestellt.
Junco hyemalis	0,56	Dasselbe wie für *Spinus*.
Spizella arborea	0,48	Dasselbe wie für *Spinus*.
Zonotrichia querula	0,48	Dasselbe wie für *Spinus*.
Zonotrichia albicollis (Gmelin)	0,92	Antiserum nicht hergestellt.

[A] Gegen formalinisiertes Antigen hergestelltes Antiserum.

Herstellung von Antiseren

Alle Antiseren wurden in Kaninchen (Laborstamm von *Oryctolagus cuniculus*) hergestellt. Drei Methoden zur Injektion des Antigens wurden in verschiedenen Kombinationen verwendet: intravenös, subkutan und intraperitoneal. Die zur Herstellung jedes Antiserums verwendeten Injektionspläne sind in Tabelle 1 aufgeführt. Es wurden sowohl formalinisierte als auch „native" Antigene verwendet. Jedes Kaninchen erhielt eine oder mehrere Serien von vier Injektionen, wobei jede Injektion an wechselnden Tagen verabreicht wurde und die Menge verdoppelt wurde: 0,5 ml, 1,0 ml, 2,0 ml und 4,0 ml. In allen Fällen außer zwei war mehr als eine Injektionsserie erforderlich, um ein brauchbares Antiserum herzustellen. Mehr als zwei Serien führten jedoch zu keiner oder nur einer geringen Verbesserung der Reaktivität des Antiserums.

Zwischen den Injektionsserien wurden Intervalle von acht Tagen eingehalten. Am achten Tag nach der letzten Injektion jeder Serie wurden 10 ml Blut aus der Hauptarterie des Kaninchenohrs entnommen und das Antiserum in einem homologen Präzipitintest verwendet, um seine Brauchbarkeit zu ermitteln. Wenn das Antiserum ausreichende Mengen an Antikörpern enthielt, um die geplanten Tests durchzuführen, wurde das Kaninchen durch Herzpunktion mit einer 18-Gauge-Nadel und einer 50-ml-Spritze vollständig ausgeblutet. Das Vollblut wurde in saubere Teströhrchen gegeben und gerinnen gelassen. Es wurde 12 bis 18 Stunden bei 2 °C stehen gelassen, damit der Großteil des Serums aus dem Gerinnsel herausgepresst werden konnte. Das Serum wurde dann dekantiert, zentrifugiert, um alle Blutzellen zu entfernen, in einem Seitz-Filter sterilisiert, in sterile Fläschchen abgefüllt und bis zur Verwendung bei 2 °C gelagert.

Methoden der serologischen Untersuchung

Die Präzipitinreaktion ist die erfolgreichste der bisher für systematische Vergleiche entwickelten serologischen Techniken. Die Reaktion tritt auf, weil in den Körper eines Tieres eingeführte antigene Substanzen die Bildung von Antikörpern verursachen, die bei Mischung der beiden Antigene Präzipitin bilden. Die erzeugten Antiseren zeigen quantitative Spezifitäten in ihrer Wirkung. Wenn daher ein Antiserum, das Präzipitine enthält, mit mehreren Antigenen gemischt wird, ist die Reaktion mit dem homologen Antigen (das zur Herstellung des Antiserums verwendet wurde) größer als die Reaktionen mit den heterologen Antigenen (andere Antigene als die, die zur Herstellung des Antiserums verwendet wurden). Darüber hinaus variieren die Ausmaße der Reaktionen zwischen dem Antiserum und den heterologen Antigenen je nach dem Grad der Ähnlichkeit dieser Antigene mit dem homologen Antigen.

Die Methode der Präzipitinprüfung folgt der von Leone (1949) beschriebenen Methode. Das Photonenreflektometer von Libby (1938) wurde verwendet, um die durch die Wechselwirkung von Antigen und Antiserum entstehenden Trübungen zu messen. Mit diesem Instrument werden parallele Lichtstrahlen durch die zu messenden trüben Systeme geleitet. Die Lichtstrahlen werden von den suspendierten Partikeln auf die empfindliche Platte einer Photozelle reflektiert; dies erzeugt einen elektrischen Strom, der eine Ablenkung an einem Galvanometer verursacht. Die Ablenkung ist proportional zum Grad der entstandenen Trübung und die Messwerte können direkt von der Skala des Instruments abgelesen werden .

Die Reaktionszellen des Photonenreflektometers sind für ein Volumen von 2 ml ausgelegt; daher wurde dieses Volumen bei allen Tests verwendet. Bei jeder Testreihe wurde die Menge des Antiserums konstant gehalten und die Menge des Antigens variiert. Das Volumen für jede Antigenverdünnung betrug immer 1,7 ml, und dazu wurden 0,3 ml Antiserum hinzugefügt, um ein Volumen von 2 ml zu erhalten.

TABELLE 2. – Prozentwerte, die aus Analysen von Präzipitinreaktionen gewonnen wurden. Die Zahlen repräsentieren die relativen Reaktionsmengen zwischen Antigenen und Antiseren. Homologe Reaktionen werden willkürlich mit 100 Prozent bewertet und heterologe Reaktionen werden entsprechend ausgedrückt . *Vergleiche sind nur dann sinnvoll, wenn sie innerhalb jeder horizontalen Wertezeile durchgeführt werden.*

Antigene	ANTISERA

	Estrilda amandava	*Poephila guttata*	*Piranga rubra*	*Richmondena cardinalis*	*Spiza americana*	*Spinus tristis*	*Junco hyemalis*	*Zonotrichia querula*
Passer domesticus	75	74	73	66	81	72	...	81
Estrilda Amandava	100	88	75	...	79	72	53	...
Poephila guttata	95	100	77	67	87	81	...	...
Molothrus ater	66	54	69	65	86	75	69	75
Piranga rubra	...	...	100	...	...	...	...	89
Richmondena cardinalis	75	80	91	100	98	65	88	91
Spiza americana	65	68	...	71	100	64	67	80
Carpodacus purpureus	70	71	71	61	89	93	53	70
Spinus tristis	72	74	73	60	89	100	60	...
Junco hyemalis	64	56	74	65	87	68	100	...
Zonotrichia querula	65	71	...	67	89	75	...	100

Antigene wurden mit 0,9 % phosphatgepufferter Kochsalzlösung verdünnt . Die Tests wurden in standardmäßigen Kolmer-Teströhrchengestellen durchgeführt , wobei jeder Test aus 12 Röhrchen bestand. Jede Verdünnung wurde auf der Grundlage der bekannten Proteinkonzentration des Antigens vorgenommen. Das erste Röhrchen enthielt eine Anfangsverdünnung von 1 Teil Protein in 250 Teilen Kochsalzlösung und jedes nachfolgende Röhrchen enthielt eine Proteinverdünnung, die der halben Konzentration des vorhergehenden Röhrchens entsprach und bis zu 1:512.000 reichte. Kochsalzkontrollen, Antiserumkontrollen und Antigenkontrollen wurden bei jedem Test beibehalten , um die in diesen Lösungen innewohnenden Trübungen zu bestimmen. Diese Kontrolltrübungen wurden von der Gesamttrübung abgezogen, die sich in jedem Reaktionsröhrchen entwickelte, wobei die resultierende Trübung dann als diejenige betrachtet wurde, die durch die Wechselwirkung von Antigenen und Antikörpern verursacht wurde. Die Trübungen konnten sich über einen Zeitraum von 24 Stunden entwickeln. In den frühen Phasen dieser Untersuchung wurden die Reaktionen bei 2 °C ablaufen gelassen, um das Bakterienwachstum zu hemmen. Spätere Tests wurden bei Raumtemperatur durchgeführt und Bakterienwachstum wurde durch die Zugabe von „Merthiolate" in einer Endverdünnung von 1:10.000 zu jedem Röhrchen verhindert.

Versuchsdaten

Korrigierte Werte für die erhaltenen Trübungen wurden aufgetragen, wobei die Trübungswerte auf der Ordinate und die Antigenverdünnungen auf der Abszisse aufgetragen wurden. Die homologe Reaktion war der Referenzstandard für alle anderen Testreaktionen mit demselben Antiserum. Durch Summieren der aufgetragenen Trübungsmesswerte erhält man numerische Werte, die als Indizes zur Charakterisierung der Kurven dienen. Diese Werte wurden in Prozentwerte umgerechnet, wobei der Wert der homologen Reaktion als 100 % angesehen wurde. Diese Werte und die Kurven liefern die Daten, mit deren Hilfe die Proteine der Vögel verglichen werden können . In den Abb. 10 bis 21 sind repräsentative Diagramme der Präzipitinkurven dargestellt . Der Einfachheit halber stellt jedes Diagramm nur einige der 10 mit jedem Antiserum erhaltenen Kurven dar.

Eine Zusammenfassung der serologischen Verwandtschaftsverhältnisse der an den Präzipitintests beteiligten Vögel ist in Tabelle 2 dargestellt , in der auch Prozentwerte angegeben sind. Da die Testtechniken im Laufe der Untersuchung erheblich verbessert wurden , basiert die Zusammenfassung ausschließlich auf den Tests, die in den späteren Phasen der Untersuchung durchgeführt wurden. Aus Gründen, die in der späteren Diskussion deutlich werden, sollte betont werden, dass in Tabelle 2 Vergleiche nur innerhalb jeder horizontalen Wertezeile vorgenommen werden können.

Diskussion der serologischen Untersuchungen

Eines der Probleme, die zu Beginn dieser Untersuchung auftraten, war die Instabilität der Proteine in den hergestellten Extrakten. Extrakte, bei denen kein Versuch unternommen wurde , die vorhandenen Enzyme zu inaktivieren, erwiesen sich als unbefriedigend. Es war notwendig, die Temperatur der „nativen" Antigene bei 2 °C zu halten, und alle Arbeiten mit solchen Antigenen mussten bei dieser Temperatur durchgeführt werden . Diese Anordnung war unpraktisch; außerdem war die Inaktivierung der Enzyme selbst bei dieser niedrigen Temperatur nicht vollständig, und es kam zu einer gewissen Denaturierung der Proteine, wie das allmähliche Auftreten unlöslicher Niederschläge in den gelagerten Fläschchen zeigte.

Die Konservierungsmittel „Merthiolat" und Formalin wurden verwendet, um die autolytische Wirkung der vorhandenen Enzyme zu hemmen. Formalin, das bis zu einer Endverdünnung von 0,4 % zugegeben wurde, erwies sich als das zufriedenstellendere der beiden Konservierungsmittel und wurde während des größten Teils der Arbeit verwendet. Formalin verursachte eine leichte Denaturierung einiger Proteine, dieser Effekt war jedoch innerhalb weniger Stunden abgeschlossen, wonach sämtliche denaturierten Stoffe durch Filtration oder Zentrifugation entfernt wurden . Die in der Lösung verbleibenden Proteine waren über den für die Durchführung der Untersuchungen erforderlichen Zeitraum stabil.

Die Zugabe von Formalin verringert die Reaktivität der Extrakte, wenn sie mit Antiseren getestet werden, die gegen „native" Antigene hergestellt wurden, und führt zu Veränderungen in der Art der Präzipitinkurven. Auf diesen Effekt wurde von Horsfall (1934) und Leone (1953) in ihren Arbeiten über die Auswirkungen von Formaldehyd auf Serumproteine hingewiesen. Ihre Daten zeigen jedoch, dass, obwohl durch die Formolisierung Veränderungen in den immunologischen Eigenschaften von Proteinen herbeigeführt werden , die Proteine genügend ihrer spezifischen chemischen Eigenschaften behalten, um eine konsistente Unterscheidung der Arten durch immunologische Methoden zu ermöglichen. In den Tests, die ich durchgeführt habe, blieben die relativen Positionen der Präzipitinkurven, unabhängig davon, ob native oder formalinisierte Extrakte beteiligt waren, unverändert (Abb. 10 , 11). *Alle zur Interpretation der serologischen Beziehungen verwendeten Daten wurden aus Tests gewonnen , in denen formalinisierte Antigene gleichen Alters verwendet wurden.*

nur drei Antiseren gegen formolisierte Antigene hergestellt , alle anderen gegen „native" Extrakte. Die formolisierten Antigene schienen in den meisten Fällen eine größere Antigenität zu haben als die nicht formolisierten, und Präzipitationsreaktionen mit Antiseren gegen formolisierte Antigene führten zu stärkeren Trübungen. Die gegen formolisierte Antigene hergestellten Antiseren waren bei der Trennung der getesteten Vögel gleich gut, aber nicht besser als die gegen „native" Extrakte hergestellten Antiseren (Abb. 12 , 13).

Das Kaninchen ist eine Variable, die bei serologischen Tests berücksichtigt werden muss . Zwei Kaninchen, die unter denselben Bedingungen demselben Antigen ausgesetzt sind, können Antiseren produzieren, die sich in ihrer Fähigkeit, verschiedene Antigene zu unterscheiden, stark unterscheiden. Es ist daher logisch anzunehmen, dass zwei Kaninchen, die verschiedenen Antigenen ausgesetzt sind, Antiseren produzieren können, die sich in dieser Hinsicht ebenfalls unterscheiden. Dies erklärt die ungleichen Werte der in Tabelle 2 gezeigten reziproken Tests . So wurde im Test mit dem Antiserum gegen die Extrakte von *Richmondena* ein Wert von 71 % für *das Spiza- Antigen* erhalten , während im Test mit Anti- *Spiza-* Serum ein Wert von 98 % für *das Richmondena-* Antigen erzielt wurde. In Tabelle 2 können daher nur Vergleiche zwischen den Werten für die Proteine von Vögeln angestellt werden , die mit demselben Antiserum getestet wurden.

Da die Menge eines Antiserums begrenzt ist, ist auch die Zahl der Vögel, die in einer Reihe serologischer Tests verwendet werden, zwangsläufig begrenzt. Obwohl die Ergebnisse die tatsächlichen serologischen Verwandtschaftsverhältnisse der einzelnen Arten offenbaren, muss die Interpretation der Verwandtschaftsverhältnisse der taxonomischen Gruppen daher mit dem Bewusstsein erfolgen , dass eine solche Interpretation auf Tests mit relativ wenigen Arten jeder Gruppe beruht. Es ist jedoch vernünftig anzunehmen, dass eine Art, die aufgrund anderer Ähnlichkeiten als serologischer Ähnlichkeiten einer Gruppe zugeordnet wurde, eine größere serologische Übereinstimmung mit anderen Mitgliedern dieser Gruppe aufweist als mit Mitgliedern anderer Gruppen. Insbesondere bei den Fringillidae und ihren Verwandten scheint es wenig Grund zu geben, daran zu zweifeln, dass Gattungen und sogar Unterfamilien natürliche Gruppen sind. Dies wird durch Tests mit eng verwandten Gattungen veranschaulicht: *Richmondena* und *Spiza* (Abb. 14 , 15 , 18), *Estrilda* und *Poephila* (Abb. 21), *Spinus* und *Carpodacus* (Abb. 12 , 17 , 19 , 20). In jedem dieser Tests zeigen die genannten Gattungspaare eine größere serologische Übereinstimmung zueinander als zu anderen beteiligten Arten. Dieser Punkt wird weiterhin durch einen Test (nicht abgebildet) mit *Zonotrichia querula* (dem homologen Antigen) und *Zonotrichia albicollis veranschaulicht* . Obwohl dieser Test zu einer früheren Reihe gehört, bei der Schwierigkeiten auftraten (die Daten wurden daher nicht verwendet), ist es interessant, dass die beiden Arten serologisch fast nicht zu unterscheiden waren.

Die serologische Homogenität der Sperlingsvögel wird durch die Tatsache unterstrichen , dass der Wert jeder heterologen Reaktion mehr als 50 Prozent des Wertes der homologen Reaktion betrug, außer beim Test mit dem Anti- *Richmondena-* Serum und *Myiarchus* (Abb. 13), bei dem der Wert der heterologen Reaktion 45 Prozent betrug. Da die meisten Ornithologen diese Gattungen nur als entfernt verwandt betrachten (sie gehören zu verschiedenen Unterordnungen innerhalb der Ordnung Passeriformes), unterstreicht der relativ hohe Wert der heterologen Reaktion die enge serologische Übereinstimmung der Sperlingsvögel und weist darauf hin, dass kleine konsistente serologische Unterschiede zwischen diesen Vögeln tatsächlich von Bedeutung sind. Die Möglichkeit, dass ein Teil der serologischen Übereinstimmung auf die „homologisierende" Wirkung von Formalin auf Proteine zurückzuführen ist, sollte nicht ausgeschlossen werden . Ich denke jedoch, dass dieser Effekt nicht allein für die hier beobachtete enge Übereinstimmung verantwortlich ist.

Ein weiterer Punkt, der bei der Interpretation der serologischen Tests berücksichtigt werden muss, ist, dass die verwendeten Techniken dazu neigen, eng verwandte Arten scharf voneinander zu unterscheiden , während entfernt verwandte Arten nicht so leicht zu unterscheiden sind. Mit anderen Worten: Vergleichende serologische Studien mit dem Photonenreflektometer neigen dazu, die Unterschiede zwischen entfernten Verwandten zu minimieren und die Unterschiede zwischen nahen Verwandten zu übertreiben.

Bei der Analyse der serologischen Verwandtschaftsverhältnisse der in dieser Studie untersuchten Arten wird deutlich, dass zwei oder mehr Testreihen durchgeführt werden müssen, bevor die Vögel miteinander in Beziehung gesetzt werden können. Die in Abb. dargestellten Daten sind beispielsweise: 14 zeigen, dass *Spiza* und *Molothrus* ungefähr den gleichen Grad an serologischer Übereinstimmung mit *Richmondena aufweisen* . Dies bedeutet nicht unbedingt, dass *Spiza* und *Molothrus* sind eng verwandt. Abb. 15 untersucht, kann festgestellt werden, dass *Richmondena* eine viel größere serologische Übereinstimmung mit *Spiza aufweist* als *Molothrus* . Somit dient eine Analyse beider Abbildungen dazu, die wahren serologischen Verwandtschaftsverhältnisse der drei Gattungen zu klären. Durch Bezugnahme auf andere Testreihen mit diesen drei Vögeln kann eine genauere Bestimmung ihrer Verwandtschaftsverhältnisse erreicht werden.

Um diesen Punkt anhand eines hypothetischen Beispiels zu veranschaulichen: Zwei Arten könnten serologisch gleich weit von einer dritten Art entfernt sein. Zusätzliche Tests sollten zeigen, ob die ersten beiden Arten in die gleiche Richtung (und damit implizit nahe Verwandte) oder in entgegengesetzte Richtung (und damit entfernte Verwandte) gleich weit entfernt sind. Ein einzelner Test liefert nur zwei Dimensionen einer dreidimensionalen Anordnung.

wurde ein dreidimensionales Modell (Abb. 22 , 23) erstellt , um die serologischen Beziehungen der betreffenden Vögel zusammenzufassen. Jede der elf Arten, die während der gesamten Untersuchung durchgängig verwendet wurden, ist im Modell dargestellt . Anhand der Prozentwerte (Tabelle 2) wurde jeder Vogel im Verhältnis zu den anderen Vögeln lokalisiert. Wenn möglich, wurden Durchschnittswerte aus Reziproktests (Tabelle 3) verwendet , um die Abstände zwischen den Elementen des Modells zu bestimmen. Auf diese Weise konnten sieben der Vögel im Verhältnis zueinander genau lokalisiert werden. Da Reziproktests fehlten, wurden die Positionen der anderen Vögel anhand der Werte einzelner Tests bestimmt (Tabelle 4). Obwohl die Platzierung dieser Vögel weniger sicher war , wurden zur Lokalisierung jeder Art mindestens vier Referenzpunkte verwendet. Jeder Verbindungsbalken im Modell stellt mindestens einen serologischen Test dar . Die Länge der Balken, die zwei beliebige Elemente verbinden, wurde folgendermaßen bestimmt: Ein Prozentwert (Tabelle 3 und Tabelle 4), der den Grad der serologischen Übereinstimmung zwischen zwei Vögeln darstellt, wurde von 100 Prozent abgezogen; der Rest wurde mit dem Faktor fünf multipliziert, um die Größe des Modells zu erhöhen, und das Produkt wurde in Millimetern ausgedrückt; ein Balken der entsprechenden Länge verbindet die beiden beteiligten Elemente.

Anhand des Modells lässt sich beobachten, dass sich die Vögel , *Molothrus* und *Passer ausgenommen, in zwei unterschiedliche Gruppen aufteilen: die eine umfasst Piranga , Richmondena , Spiza , Junco und Zonotrichia ; die andere umfasst Estrilda , Poephila , Carpodacus und Spinus* .

TABELLE 3.—REZIPROKE WERTE ZUR BESTIMMUNG DER ABSTÄNDE ZWISCHEN DEN ELEMENTEN DES MODELLS; JEDER WERT STELLT DEN DURCHSCHNITT DER SEROLOGISCHEN TESTS ZWISCHEN DEN BETEILIGTEN ARTEN DAR

	Estrilda amandava	*Poephila guttata*	*Richmondena cardinalis*	*Spiza americana*	*Spinus tristis*	*Junco hyemalis*	*Zonotrichia querula*	
Estrilda Amandava	..	92	..	72	72	59	..	
Poephila guttata	92	..	74	78	78	..	..	
Richmondena cardinalis	..	74	..	85	63	77	79	
Spiza americana	72	78	85	..	77	77	85	
Spinus tristis	72	78	63	77	..	..	..	
Junco hyemalis	..	..	77	77	..	..	..	
Zonotrichia querula	..	..	79	85	..	..	..	

TABELLE 4.—EINZELWERTE ZUR BESTIMMUNG DER ABSTÄNDE ZWISCHEN DEN MODELLELEMENTEN; JEDER WERT STELLT EINEN EINZELNEN TEST ZWISCHEN DEN BETEILIGTEN ARTEN DAR

	Estrilda amandava	*Poephila guttata*	*Piranga rubra*	*Richmondena cardinalis*	*Spinus tristis*	*Junco hyemalis*	*Zonotrichia querula*	
Passer domesticus	..	74	73	..	72	..	..	
Molothrus ater	..	54	..	65	..	69	75	
Piranga rubra	..	77	..	91	73	74	..	
Carpodacus purpureus	70	71	..	61	93	..	..	

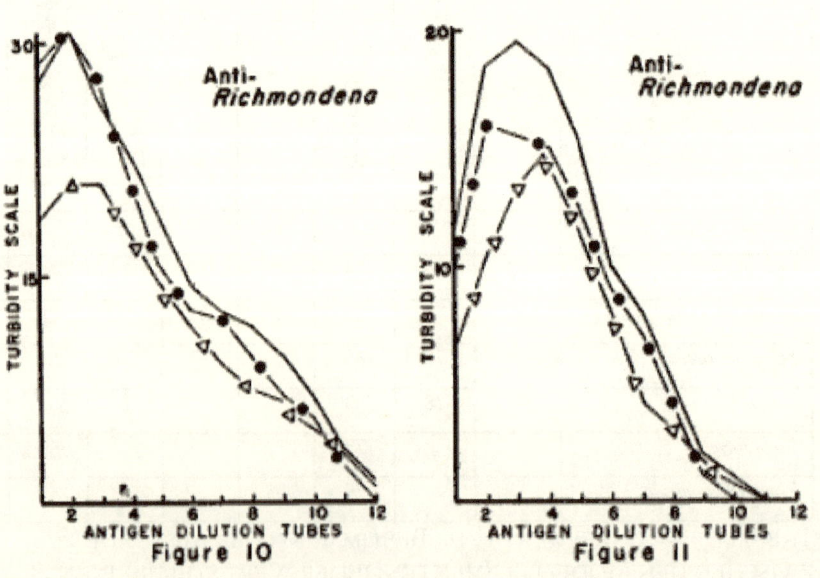

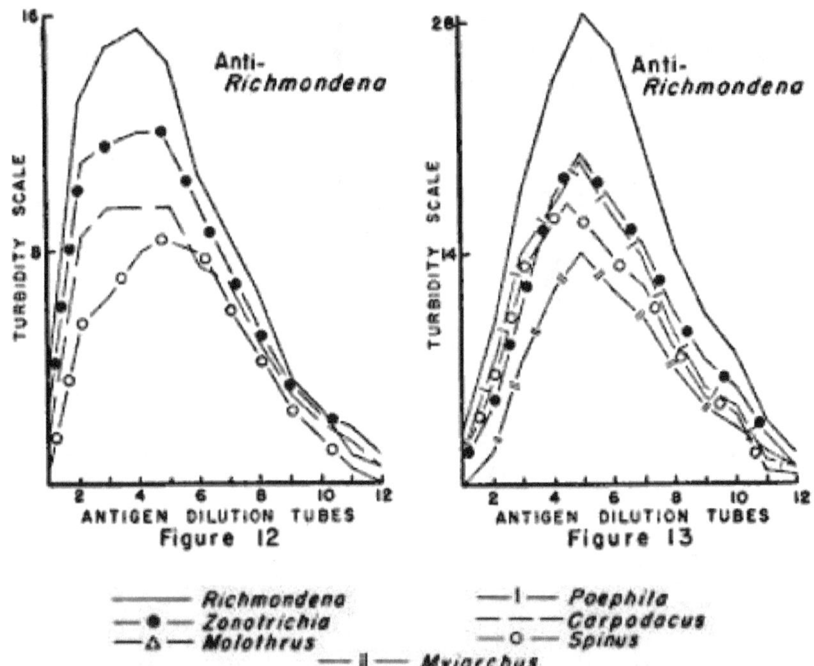

ABB. 10-13. Diagramme von Präzipitinreaktionen, die die Auswirkungen von Formalin auf die Antigenität und Reaktivität der Extrakte veranschaulichen. Weitere Informationen finden Sie im Text, S. 190-193 .

ABB. 10. Reaktionen nicht formalisierter Antigene von *Richmondena* , *Zonotrichia* und *Molothrus* mit Anti- *Richmondena* -Serum. ABB. 11. Reaktionen formalisierter Antigene von *Richmondena* , *Zonotrichia* und *Molothrus* mit Anti- *Richmondena*- Serum. ABB. 12. Reaktionen von gegen natives Antigen hergestelltem Anti- *Richmondena*- Serum mit Antigenen von *Richmondena* , *Zonotrichia* , *Carpodacus* und *Spinus* . ABB. 13. Reaktionen von gegen formalisiertes Antigen hergestelltem Anti- *Richmondena*- Serum mit Antigenen von *Richmondena* , *Zonotrichia* , *Poephila* , *Spinus* und *Myiarchus* .

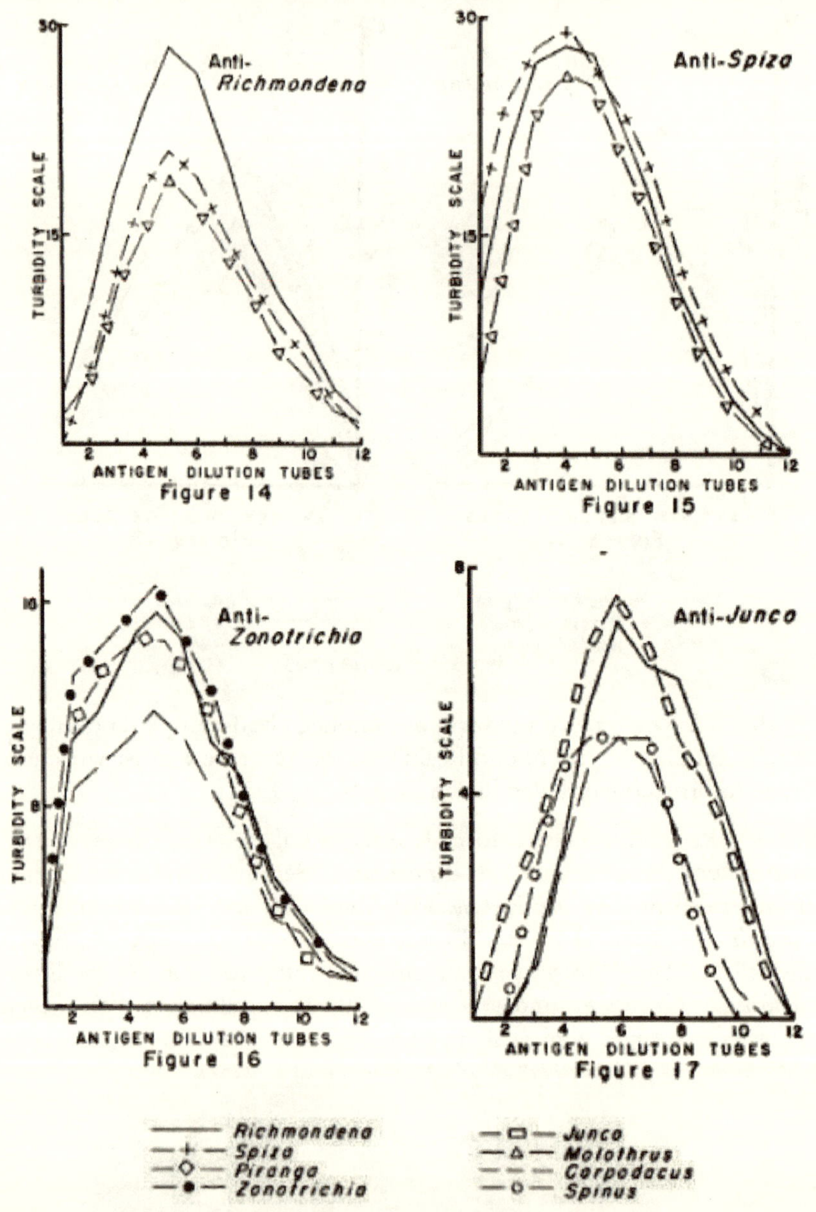

ABB. 14-17. Graphen von Präzipitinreaktionen, die serologische Zusammenhänge veranschaulichen. Weitere Erläuterungen finden Sie im Text, S. 190-193 .

ABB. 14. Serologische Beziehungen von *Richmondena* , *Spiza* und *Molothrus* .
ABB. 15. Serologische Beziehungen von *Richmondena* , *Spiza* und *Molothrus* .

ABB. 16. Serologische Beziehungen von *Carpodacus* mit der Richmond-Emberizin-Thraupid-Gruppe. ABB. 17. Serologische Beziehungen von *Carpodacus* und *Spinus* mit *Richmondena* und *Junco* .

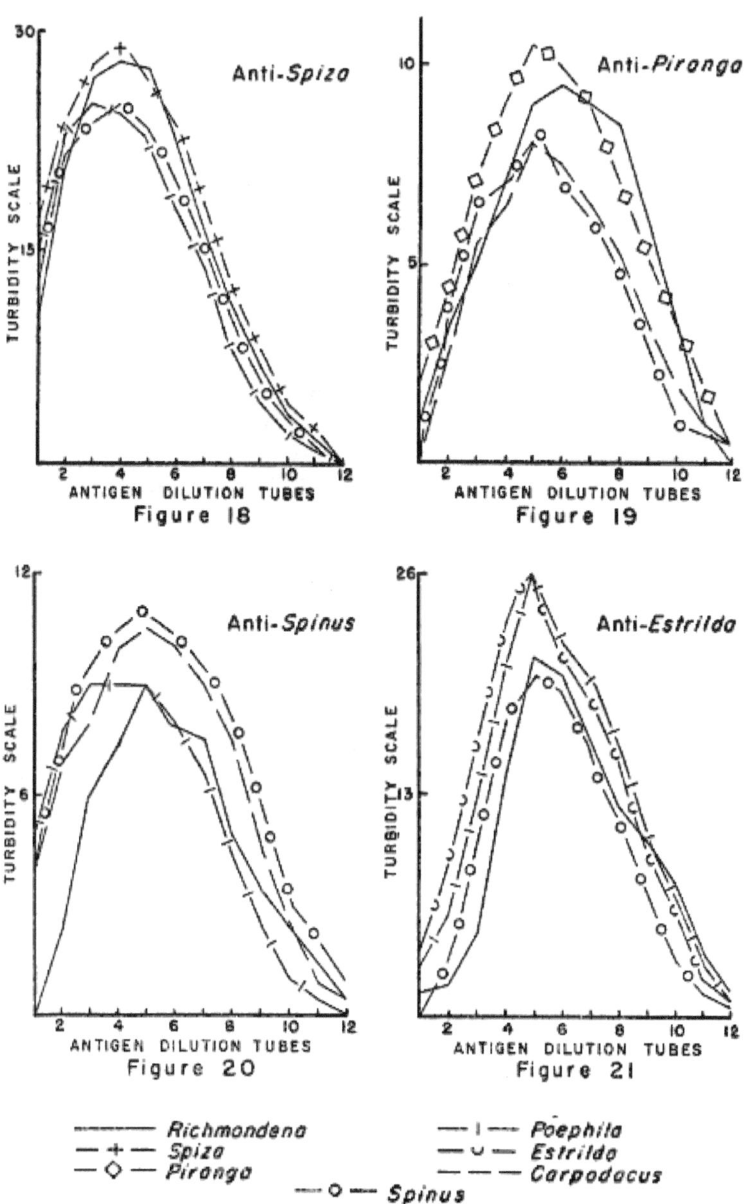

ABB. 18-21. Graphen von Präzipitinreaktionen, die serologische Zusammenhänge veranschaulichen. Weitere Erläuterungen finden Sie im Text, S. 190-193 .

ABB. 18. Serologische Beziehungen von *Spinus* und *Poephila* mit den Richmondinen. ABB. 19. Serologische Beziehungen von *Carpodacus* und *Spinus* mit *Richmondena* und *Piranga* . ABB. 20. Serologische Beziehungen von *Poephila* und Richmondena mit den Carduelinen. ABB. 21. Serologische Beziehungen von *Richmondena* und *Spinus* mit den Estrildinen.

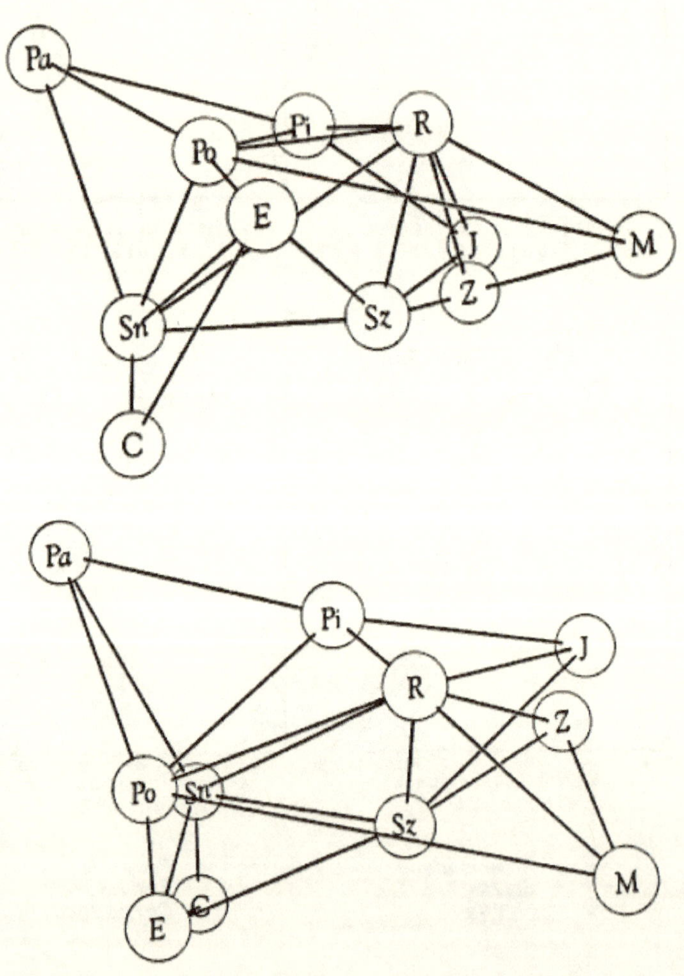

ABB. 22. Zwei Ansichten eines Modells, das serologische Beziehungen zwischen Fransenvögeln und verwandten Vögeln veranschaulicht. Weitere Erklärungen finden Sie im Text, S. 193-194 .

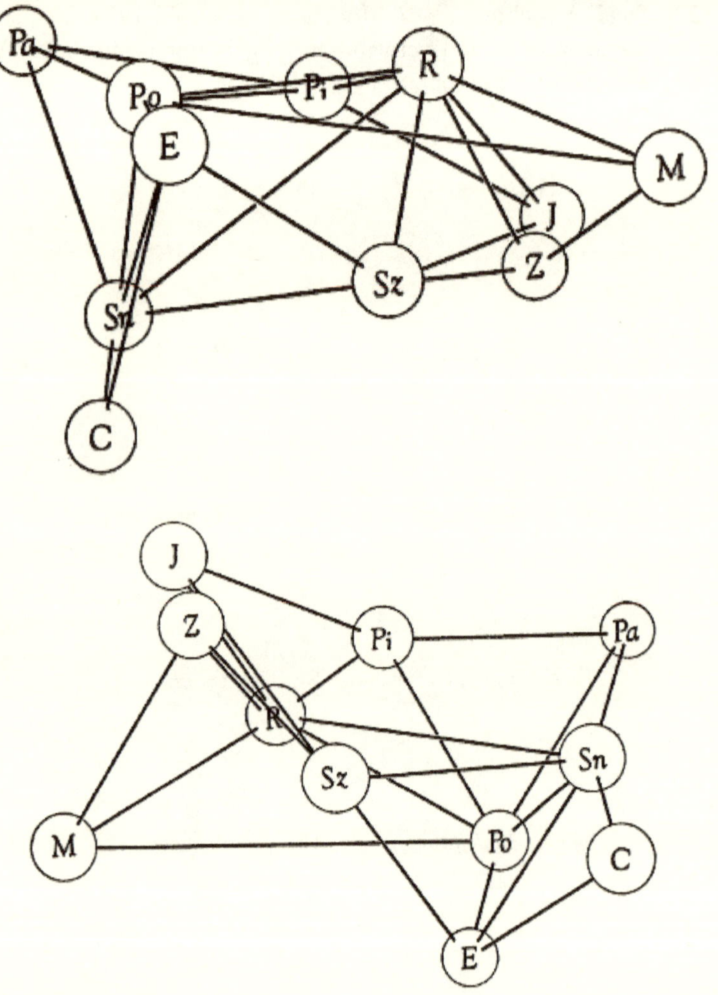

ABB. 23. Zwei zusätzliche Ansichten des in Abb. 22 gezeigten Modells veranschaulichen serologische Beziehungen zwischen Fransenvögeln und verwandten Vögeln. Weitere Erklärungen finden Sie im Text auf den Seiten 193-194.

Gattungen

Pi · *Piranga*

C · *Karpodacus*

Po · *Poephila*

.   .
.   .

.   .

E   · *Estrilda*   R   · *Richmondena*

.   .

.   .

J   · *Junko*   Sn   · *Spinus*

.   .

.   .

M   · *Molothrus*   Gr. · *Spiza*

.   .

.   .

Pa · *Passer*   Z   · *Zonotrichia*

.   .

Innerhalb der Richmondeninae-Emberizine-Thraupid-Gruppe bilden *Junco* und *Zonotrichia* eine von den anderen getrennte Untergruppe. *Piranga* und *Richmondena* weisen eine enge serologische Übereinstimmung auf. Die gegenwärtige taxonomische Position von *Spiza* in den Richmondeninae, die von Beecher (1951a:431; 1953:309) in Frage gestellt wurde, wird zumindest hinsichtlich der serologischen Beweise bestätigt. Sicherlich ist die serologische Übereinstimmung von *Spiza* mit der Richmondeninae-Emberizine-Thraupid-Gruppe größer als mit jeder anderen getesteten Vogelgruppe.

Es ist offensichtlich, dass die serologischen Verwandtschaftsverhältnisse der Carduelines nicht mit denen der Richmondines, Emberizines oder Thraupidae übereinstimmen. Die Carduelines weisen eine größere serologische Übereinstimmung mit den Estrildines auf als mit jeder anderen getesteten Gruppe. Weitere serologische Untersuchungen mit anderen Arten sind jedoch erforderlich, bevor die nächsten Verwandten der Carduelines mit Sicherheit bestimmt werden können.

Die beiden getesteten Estrildine (*Estrilda* und *Poephila*) zeigen eine enge serologische Verwandtschaft. Ihre nächsten Verwandten scheinen serologisch gesehen die Cardueline zu sein. Die Klassifizierung (Wetmore, 1951), die *Passer* in dieselbe Familie wie die Estrildine einordnet, wird durch die verfügbaren serologischen Daten nicht gestützt . *Passer* ist serologisch mit keinem der getesteten Vögel eng verwandt. Interessant ist, dass Beecher (1953:303-305) *Passer und die Estrildinae* aufgrund der Kiefermuskulatur in getrennte Familien (Ploceidae bzw. Estrildidae) einordnet.

Molothrus weist serologisch eine größere Übereinstimmung mit der Gruppe der Richmondenine-Emberizine-Thraupid auf als mit allen anderen getesteten Vögeln. Er unterscheidet sich jedoch deutlich von dieser Gruppe und seine Position ist serologisch mit der Position vereinbar, die auf Beweisen aus anderen Quellen beruht.

Unter Ornithologen gibt es offenbar kaum Streit darüber, dass Icteridae, Fringillidae und Ploceidae voneinander verschiedene Familien bilden. Wenn also die serologischen Unterschiede zwischen *Molothrus* (Icteridae) und *Richmondena* (Fringillidae), zwischen *Molothrus* und *Zonotrichia* (Fringillidae) und zwischen *Richmondena* und *Poephila* (Ploceidae) auf Familienunterschiede hinweisen, dann werden durch die betreffenden Vögel vier Familien repräsentiert. *Molothrus* repräsentiert eine Familie; *Piranga* , *Richmondena* , *Spiza* , *Junco* und *Zonotrichia* eine zweite; *Estrilda* , *Poephila* , *Carpodacus* und *Spinus* eine dritte und *Passer* eine vierte.

Schlussfolgerungen

Die Heterogenität der Familie Fringillidae wurde von vielen Autoren betont
. Die Verwandtschaftsverhältnisse der heute zu dieser Familie gehörenden
Arten waren Gegenstand zahlreicher Diskussionen und stellen ein wichtiges
Problem in der Vogelsystematik dar.

Sushkins Untersuchungen (1924, 1925) über Merkmale des Horn- und
Knochengaumens dienten als Grundlage für die heutige Einteilung der
Familie in Unterfamilien. Kürzlich haben Beecher (1951a, 1951b, 1953) und
Tordoff (1954) diese und andere Merkmale, die sie für wertvoll hielten,
verwendet, um die Verwandtschaftsverhältnisse der betreffenden Arten zu
klären.

Beechers Arbeit (1951a, 1951b, 1953) über die Kiefermuskulatur ist ein
wertvoller Beitrag zu unserem Wissen über die Anatomie von
Sperlingsvögeln. Seine myologischen Studien waren so gründlich und seine
Darstellung so detailliert, dass Studenten, die mit seinen Interpretationen
nicht einverstanden sind, ihre eigenen Schlüsse ziehen können. Beecher
(1951b:276) weist darauf hin, dass es zwei grundlegende Arten von
Skelettmuskeln gibt – solche mit parallelen Fasern und solche mit gefiedert
angeordneten Fasern. Die Muskeln mit gefiederten Fasern scheinen
effizienter zu sein, da jeder Muskel im Verhältnis zu seiner Masse einen
größeren funktionellen Querschnitt hat als ein Muskel mit parallelen Fasern.
Er nimmt an, dass Muskeln mit parallelen Fasern phylogenetisch primitiver
sind als solche mit gefiedert angeordneten Fasern. Da seine Studie der
Kiefermuskeln der Icteridae (1951a) ergab, dass die Muster der
Kiefermuskulatur innerhalb dieser Familie unabhängig von den Methoden
der Nahrungsbeschaffung konstant bleiben, nimmt er an, dass solche Muster
als Indikatoren für die Verwandtschaft in der gesamten Oscinina-Gruppe
verwendet werden können . Diese beiden Annahmen dienen also als
Grundlage für seine Hypothese bezüglich Verwandtschaft und Phylogenese
innerhalb dieser Gruppe. Beecher (1951b:278-280; 1953:310-312) vertritt die
Ansicht, dass es innerhalb der Familie Thraupidae zwei Hauptlinien gibt, die
fast ohne Trennung zu den Carduelinae und Richmondeninae führen. Die
Thraupid-Richmondenin-Linie beinhaltet eine Veränderung in der
Beschaffenheit des *M. adductor mandibulae externus superficialis , der bei den
Richmondeninen* stärker gefiedert ist , was eine größere Quetschkraft zur Folge
hat. Die Thraupid-Carduelin-Linie beinhaltet eine Verschiebung der
Betonung vom M. *adductor mandibulae externus medialis* zum M. *pseudotemporalis
superficialis* und das Vorrücken des Ansatzes des Letzteren. Auch dies fördert
eine größere Quetschkraft. Er gibt an, dass Merkmale des Horngaumens und
des Gefieders weitere Beweise für die enge Verwandtschaft dieser Gruppen
lieferten. Er rechnet daher die Thraupinae , die Carduelinae und die

Pyrrhuloxiinae (=Richmondeninae) in die Familie Thraupidae ein. Beecher (1953:307) weist darauf hin, dass die Kiefermuskulatur der Parulinae (Waldsänger) und Emberizinae (Ammern) ähnlich ist, und vermutet, dass die Ammern von den Waldsängern abstammen. Er rechnet diese Unterfamilien daher in die Familie Parulidae ein.

Beechers Argumentation kann in mehreren Punkten kritisiert werden . Es kann sein, wie er vorschlägt, dass Muskeln mit parallelen Fasern phylogenetisch früher entstanden sind als Muskeln mit gefiederten Fasern, aber er zieht meines Erachtens die Möglichkeit, dass parallele Fasern sich auch sekundär aus gefiederten Fasern entwickelt haben könnten, nicht ausreichend in Betracht. Da Beecher (1951a) herausfand, dass die Muster der Kiefermuskulatur innerhalb der Familie Icteridae konservativ waren, zögert er, die Möglichkeit einer Konvergenz zwischen anderen Familien zuzugeben. Unterschiede in den Mustern der Kiefermuskulatur sind jedoch funktionelle Anpassungen und können wie der Schnabel, der ebenfalls mit der Nahrungsaufnahme in Verbindung steht, einem schnellen evolutionären Wandel unterliegen. Schließlich hat er sich bei seinem Versuch, die Oscines zu klassifizieren, fast ausschließlich auf ein einziges Merkmal verlassen – das Muster der Kiefermuskulatur.

Tordoffs Versuche (1954), die Verwandtschaftsverhältnisse der Fringilliden und verwandter Arten zu klären, basieren hauptsächlich auf Merkmalen des knöchernen Gaumens. Er geht davon aus, dass, da Palatomaxillare bei den meisten Sperlingsvögeln zu fehlen scheinen, ihr Vorkommen in bestimmten neungliedrigen Oscine-Gruppen auf eine Verwandtschaft zwischen diesen Gruppen hinweist. Er weist darauf hin, dass diese Knochen, wenn vorhanden, wichtige Ursprungsbereiche des M. *pterygoideus sind* , der beim Senken des Oberkiefers und beim Anheben des Unterkiefers fungiert. Er nimmt daher an, dass Palatomaxillare sich entwickelt haben , um eine effektivere Funktion des M. *pterygoideus zu ermöglichen* . Die Notwendigkeit einer solchen Funktion könnte mit einer Gewohnheit des Samenfressens zusammenhängen. Alle Richmondinen und Emberizinen besitzen Palatomaxillare, die entweder frei sind oder mit der Präpalatinleiste verwachsen sind, aber bei den Carduelinen gibt es keine Spur dieser Knochen. Carduelinen besitzen außerdem Präpalatinleisten, die charakteristisch nach vorne ausgestellt sind. Dieser Zustand ist bei den Richmondinen und den Emberizinen nicht gegeben.

Tordoff weist auch darauf hin, dass die unregelmäßigen, sprunghaften Wanderungen der Carduelinae der Neuen Welt nicht mit den regelmäßigeren Wanderungen der Richmondeninae und Emberizinae zu vergleichen sind. Die Carduelinae sind zudem in ihren Gewohnheiten baumbewohnender als diese anderen Gruppen und weisen in den späteren Phasen des Nistens einen deutlichen Mangel an Nesthygiene auf, eine Situation, die im Gegensatz zu der bei den Richmondeninae und Emberizinae vorzufindenden steht. Er vermutet daher, dass die Carduelinae nicht so eng mit den Richmondeninae und Emberizinae verwandt sind, wie bisher angenommen wurde.

Da es nur zwei Gattungen der Cardueline gibt, *Loximitris* und *Hesperiphona*, die in der Neuen Welt endemisch sind, und mindestens 10 Gattungen mit vielen Arten, die in der Alten Welt endemisch sind, vermutet Tordoff (1954:15) einen Ursprung der Cardueline in der Alten Welt. Er untermauert seine Argumentation für diese Hypothese, indem er darauf hinweist, dass die Cardueline in ihren Merkmalen des knöchernen Gaumens und in ihrem Habitus den Estrildine der Familie Ploceidae ähneln.

Tordoff (1954:29-30) gibt an, dass die Tangaren nicht nur mit den Richmondeninae verschmelzen, sondern auch unmerklich in die Emberizinae übergehen. Er rechnet daher die Richmondeninae, Emberizinae und Thraupinae in die Familie Fringillidae ein. Er vermutet, dass die Cardueline aufgrund der Struktur des knöchernen Gaumens, der geografischen Verbreitung, des Sozialverhaltens und der Gewohnheiten wie Nestbeschmutzung und Nestbau eng mit der Unterfamilie Estrildinae verwandt sind.

Tordoff hat seine Interpretationen wie Beecher hauptsächlich auf ein Merkmal gestützt – die Struktur des knöchernen Gaumens. Da dieses Merkmal auch mit der Nahrungsaufnahme in Zusammenhang steht , kann die Möglichkeit einer Konvergenz entfernt verwandter Arten mit ähnlichen Gewohnheiten und einer Divergenz eng verwandter Arten mit unterschiedlichen Gewohnheiten nicht ausgeschlossen werden.

Die Gefahr einer unerkannten adaptiven Konvergenz kann natürlich in den meisten Bereichen taxonomischer Forschung nicht ausgeschlossen werden, aber einige Merkmale der Morphologie und Biochemie sind deutlich konservativer als andere und unterliegen einer langsameren evolutionären Veränderung. Solche Merkmale sind oft von größter Bedeutung für die Unterscheidung der höheren taxonomischen Kategorien.

Den meisten Ornithologen ist bekannt, dass sich die Muster der Beinmuskulatur innerhalb der Ordnung Passeriformes nur langsam entwickelt haben und innerhalb der Ordnung nur geringe Variationen aufweisen. Auftretende Unterschiede sind daher wahrscheinlich erheblich, insbesondere solche, die zwischen Artengruppen bestehen. Wie ich bereits früher ausgeführt habe (S. 184), gibt es zwischen den Richmondeninae, Emberizinae und Thraupidae keine signifikanten Unterschiede in der Beinmuskulatur. Tatsächlich ist es schwierig, diese Gruppen anhand der Beinmuskulatur zu definieren. Falls diese Gruppen gemeinsamen Ursprungs sind, ist das Fehlen klarer Abgrenzungen zwischen ihnen nicht überraschend. Jede von mir untersuchte Emberizinae-Art und die Gattung *Piranga haben ein*

Muskelband, das sich von der *Pars interna* des *M. gastrocnemius* um die Vorderseite des Knies erstreckt . Mit Ausnahme von *Spiza* besitzt keine der Richmondeninae dieses Band.

oben besprochenen signifikanten Unterschiede in der Beinmuskulatur (S. 183-184) unterscheiden die Cardueline von den Finken und Tangaren der Neuwelt. Sogar die Cardueline *Leucosticte* und die Emberizine *Calcarius* , die sich in allgemeinen Anpassungen und in mehreren myologischen Merkmalen der Beine ähneln (S. 183), stimmen in signifikanten Merkmalen der Muskulatur mit den jeweiligen Gruppen überein, zu denen sie gehören. Die Cardueline stimmen in den wichtigsten Merkmalen der Beinmuskulatur mit den von mir untersuchten Ploceiden überein .

Die Verwendung serologischer Techniken in der taxonomischen Arbeit hat zwei wesentliche Vorteile. Die an solchen Untersuchungen beteiligten biochemischen Systeme scheinen sich als Reaktion auf äußere Umwelteinflüsse relativ langsam zu verändern , und der quantitative Charakter der erzielten Ergebnisse ermöglicht eine objektive Messung von Ähnlichkeiten zwischen Arten.

Ich habe darauf hingewiesen (S. 200), dass die Carduelines serologisch aus der besonderen Gruppe der Richmondeninae, Emberizinae und Tangaren ausgeschlossen sind . Tatsächlich zeigen die Carduelines serologisch weniger Ähnlichkeit mit dieser Gruppe als die Estrildinae, und die meisten Ornithologen stimmen darin überein, dass die Estrildinae überhaupt nicht eng mit den Richmondeninae, Emberizinae und Thraupidae verwandt sind. *Molothrus* , der eine von der Familie Fringillidae verschieden erkannte Familie (Icteridae) darstellt, ähnelt serologisch ebenfalls stärker der Gruppe der Fringilliden als die Carduelines. Obwohl die Carduelinae serologisch eine besondere Gruppe bilden, zeigen sie serologisch eine größere Ähnlichkeit mit den Estrildinae der Familie Ploceidae als mit irgendeiner der anderen getesteten Arten. Zumindest bilden die Carduelines und die Estrildinae eine ebenso kompakte Gruppe wie die Unterfamilien der Fringillidae. Die serologischen Daten korrelieren somit gut mit den Ergebnissen aus der Untersuchung der Beinmuskulatur.

Gegenwärtige Klassifizierungssysteme schließen die Unterfamilien Passerinae und Estrildinae in die Familie Ploceidae ein. *Passer* ist jedoch serologisch weniger eng mit den Estrildinae verwandt als die Cardueline und weniger eng mit den Estrildinae verwandt als *Molothrus* , ein Ikterid, mit den Fringilliden. Dies wirft Fragen hinsichtlich der Homogenität der Familie Ploceidae auf, wie sie gegenwärtig von den meisten Ornithologen anerkannt wird. Wenn man die Passerinae und die Estrildinae in eine einzige Familie einordnet , ist die serologische Divergenz zwischen den Mitgliedern dieser Gruppe sicherlich größer als in der Familie Fringillidae. Zusätzlich fand

Beecher (1953:303-304) heraus, dass die Estrildinae ein anderes Kiefermuskulaturmuster besitzen als andere Ploceidae.

Aufgrund der kombinierten Erkenntnisse aus der Kiefermuskulatur und der Serologie bin ich zu dem Schluss gekommen, dass die Estrildinae aus der Familie der Ploceidae ausgeschlossen werden sollten (siehe unten).

Um die Verwandtschaftsverhältnisse der Fringillidae und verwandter Gruppen zu klären, gehe ich hier kurz auf die vorgelegten Beweise ein . Aus seinen Untersuchungen der Kiefermuskulatur (1951a, 1951b, 1953) schlussfolgert Beecher, dass die Pyrrhuloxinae (=Richmondeninae), die Carduelinae und die Thraupinae eng verwandt sind. Er ordnet diese Gruppen der Familie Thraupidae zu. Die Emberizinae schließt er aus dieser Gruppe aus und ordnet sie zusammen mit den Waldsängern der Familie Parulidae zu. Er schlägt vor, dass die Prachtsänger eine von der Familie Ploceidae getrennte Familie (Estrildidae) bilden.

Aus seinen Untersuchungen bestimmter Merkmale des knöchernen Gaumens folgert Tordoff (1954:25-26, 32), dass die Richmondiden, die Emberiziden und die Tangaren einen gemeinsamen Ursprung haben und ordnet diese Gruppen der Familie Fringillidae zu. Er schließt die Cardueiden aus dieser Gruppe aus, vermutet, dass sie eng mit den Estrildiden verwandt sind und schließt sie als Unterfamilie Carduelinae in die Familie Ploceidae ein.

In diesem Artikel habe ich Daten vorgestellt, die ich aus der Untersuchung bestimmter morphologischer und biochemischer Merkmale gewonnen habe, die meiner Meinung nach weniger dem Einfluss von Umweltfaktoren unterliegen als die Merkmale, die von neueren Forschern untersucht wurden. Es ist bezeichnend, dass die mit serologischen Techniken gewonnenen Daten und die aus der Untersuchung der Beinmuskulatur gewonnenen Daten zu denselben Schlussfolgerungen führen. Auf der Grundlage dieser Daten habe ich mehrere Schlussfolgerungen hinsichtlich der Beziehungen der von mir untersuchten Gruppen gezogen.

Die Richmondinae, Emberizinae und Tangaren sind eng verwandt und sollten in einer einzigen Familie, den Fringillidae, zusammengefasst werden. Die Carduelinae und die Estrildinae sind eng verwandte Unterfamilien. Obwohl die neuesten Klassifizierungen die Estrildinae und Passerinae in die Familie Ploceidae einordnen, deuten serologische Beweise darauf hin, dass diese Gruppen nicht eng verwandt sind. Beecher (1953:303-304) zog aus seiner Studie der Kiefermuskulatur (siehe oben) dieselbe Schlussfolgerung. Ich schlage daher vor, die Carduelinae und die Estrildinae in eine von den Ploceidae getrennte Familie einzuordnen und den Namen Carduelidae (anstatt Estrildidae) für diese Gruppe zu verwenden. Derzeit ist keiner der beiden ein akzeptierter Familienname. Da *Carduelis* Brisson 1760 ein älterer

Name als *Estrilda* Swainson 1827 ist und *Carduelis* eine zentral gelegene Gattung in der Familie zu sein scheint, habe ich ersteren gewählt (obwohl die Internationalen Regeln der Zoologischen Nomenklatur nicht vorschreiben, dass bei der Bildung von Familiennamen Priorität gelten muss).

Ich konnte keine der Arten untersuchen, die in den Unterfamilien Fringillinae (nicht Fringillinae von Tordoff, siehe 1954:23-24 und weiter unten) und Geospizinae neuerer Klassifikationen enthalten sind; daher wurden diese Gruppen oben nicht besprochen. Beecher (1953:307-308) zählt *Fringilla zur Unterfamilie Carduelinae; er zählt die Geospizinae zu einer separaten Familie, Geospizidae, und gibt an, dass sie von den Emberizinae abstammen. Tordoff (1954:23-24) stellte fest, dass Fringilla und die Geospizinae* in ihren Merkmalen des knöchernen Gaumens den Emberizinae ähneln und zählt sie auf dieser Grundlage zur Unterfamilie Fringillinae.

Der Dickcissel, *Spiza americana* , weist bestimmte Merkmale auf, die einer besonderen Erörterung bedürfen. Beecher (1951a:431; 1953:309) hält ihn aufgrund seiner Kiefermuskulatur für einen Ikteriden . *Spiza* ist in vielerlei Hinsicht ein abweichendes Mitglied der Gruppe, der es jetzt zugeordnet wird (Unterfamilie Richmondeninae). *Spiza* ist serologisch eng mit allen Arten der Richmondenine-Emberizine-Thraupiden-Gruppe verwandt. Innerhalb dieser Gruppe sind die Richmondenine seine nächsten Verwandten. *Spiza* unterscheidet sich von den anderen untersuchten Richmondeninen und ähnelt den Emberizinen und Tanagern durch das Muskelband , das sich von der *Pars interna* des M. *gastrocnemius* um die Vorderseite des Knies erstreckt. Dieses Band ist bei *Spiza* jedoch kleiner als bei allen anderen Arten. Kein sezierter Ikterid besitzt eine derartige Struktur. Tordoff (1954:29) gibt an, dass *Spiza* eine typisch richmondenine Gaumenstruktur aufweist, und schlägt vor – und ich stimme zu –, dass *Spiza* ein Richmondenin ist und möglicherweise eng mit dem Vorfahren verwandt ist , aus dem die Fringilliden-Gruppe hervorging. Die serologische Position von *Spiza* in etwa gleichem Abstand zu den anderen Fringilliden (Abb. <u>22</u> , <u>23</u>) und das Vorhandensein des kleinen Muskelbandes um die Vorderseite des Knies sind Beweise für die zentrale Position von *Spiza* .

Nach Prüfung der Erkenntnisse aus Studien zur äußeren Morphologie, Ethologie, Myologie, Osteologie und Serologie schlage ich hier eine Einteilung der von mir untersuchten Gruppen vor und stelle zum Vergleich die von Beecher und Tordoff vorgeschlagenen Einteilungen (dieser Gruppen) vor. Die Namen von Unterfamilien, die ich nicht untersuchen konnte, sind in meiner Klassifizierung enthalten und in Klammern gesetzt .

Hier vorgeschlagen	Von Tordoff (1954) auf der Grundlage des knöchernen Gaumens vorgeschlagen:	Von Beecher (1953) auf der Grundlage der Kiefermuskulatur vorgeschlagen:
.	.	.
FAMILIE PLOCEIDAE	FAMILIE PLOCEIDAE	FAMILIE PLOCEIDAE
[Unterfamilie Bubalornithinae]	Untergruppe Bubalornithinae	
Unterfamilie Passerinae: Unterscheidet sich von den Estrildinae durch Muster der Kiefermuskulatur (Beecher, 1953:303-304) und auf der Grundlage einer vergleichenden Serologie von in Kochsalzlösung löslichen Proteinen.	Unterfamilie Passerinae	Unterfamilie Passerinae
[Unterfamilie Ploceinae]	Unterfamilie Ploceinae	Unterfamilie Ploceinae
[Unterfamilie Viduinae]	Unterfamilie Viduinae	Unterfamilie Viduinae
.	.	.
FAMILIE CARDUELIDAE		
Unterfamilie Estrildinae: ähnlich den Carduelinae in den Merkmalen des knöchernen Gaumens und im Habitus (Tordoff, 1954: 18-22) sowie in den Mustern der Beinmuskulatur und der vergleichenden Serologie salzlöslicher Proteine.	Unterfamilie Estrildinae	FAMILIE ESTRILDIDAE
Unterfamilie Carduelinae: Unterscheidet sich von den Fringillidae durch Merkmale des Gaumens, der geografischen Verbreitung, der Migrationsmuster und Gewohnheiten (Tordoff, 1954: 14-18) sowie durch	Unterfamilie Carduelinae	[Bei Thraupidae weiter unten]

Muster der Beinmuskulatur und vergleichende Serologie salzlöslicher Proteine.		
.	.	.
FAMILIE FRINGILLIDAE: Alle Mitglieder dieser Familie weisen Ähnlichkeiten in den Merkmalen des knöchernen Gaumens (Tordoff, 1954: 22-23), den Mustern der Beinmuskulatur und in der vergleichenden Serologie salzlöslicher Proteine auf.	FAMILIE FRINGILLIDAE	FAMILIE PARULIDAE Unterfamilie ParulinaeUnterfamilie Emberizinae FAMILIE THRAUPIDAE
Richmondeninae Unterfamilie ThraupinaeUnterfamilie Emberizinae[Unterfamilie Fringillinae][Unterfamilie Geospizinae]	Richmondeninae Unterfamilie Thraupinae Unterfamilie Fringillinae (einschließlich Emberizinae und Geospizinae)	Unterfamilie Pyrrhuloxiinae Unterfamilie Thraupinae[In Parulidae oben]Unterfamilie Carduelinae

Zusammenfassung

Es ist seit langem bekannt , dass die Familie Fringillidae einige unähnliche Gruppen umfasst. Insbesondere die Beziehungen der Unterfamilien Richmondeninae, Emberizinae und Carduelinae der Familie Fringillidae sind noch nicht gut erforscht . Daten aus zwei aktuellen Studien, eine über Muster der Kiefermuskulatur und die andere über Merkmale des knöchernen Gaumens, betonen die Unähnlichkeit dieser Unterfamilien, haben jedoch zu widersprüchlichen Konzepten über die Beziehungen der Unterfamilien innerhalb der Familie geführt.

In diesem Artikel werden die Ergebnisse von Studien zu morphologischen und biochemischen Merkmalen vorgestellt, die meiner Ansicht nach weniger empfindlich auf äußere Umweltfaktoren reagieren als Merkmale, die bereits früher untersucht wurden. Muster der Beinmuskulatur wurden für die Studie ausgewählt, da frühere Arbeiten gezeigt haben, dass die Muskelmuster in den Beinen von Sperlingsvögeln sehr stabil sind und nur wenig variieren. Variationen, die bei der Trennung von Artengruppen konsistent sind, sollten daher von Bedeutung sein. Es wurden serologische Techniken verwendet, da sich die beteiligten biochemischen Systeme als Reaktion auf Umwelteinflüsse relativ langsam zu verändern scheinen und da die erhaltenen Daten auf sehr objektive Weise zur Messung der Ähnlichkeit zwischen Arten verwendet werden können.

Individuelle Unterschiede in den Beinmuskulaturmustern erwiesen sich als gering und betrafen hauptsächlich die Größe und Form der Muskeln. Aus diesem Grund wurden Variationen, die Ursprung, Ansatz oder relative Position eines Muskels betreffen, als signifikant erachtet . In der Beinmuskulatur ähneln sich die Richmondeninae, die Emberizinae und die Thraupidae stark. Es wurden jedoch mehrere Unterschiede im Muskelmuster festgestellt , die diese Gruppen von den Carduelinae unterscheiden. Die Beinmuskulatur der Carduelines ähnelt stark der der Ploceidae.

zu untersuchenden Arten salzlösliche Proteine extrahiert . Diese Extrakte wurden sorgfältig verarbeitet und als Antigene verwendet . Die Formolisierung der Antigene war notwendig, um eine Denaturierung der Proteine durch enzymatische Aktivität zu verhindern. Antiseren wurden in Kaninchen hergestellt . Die Testmethode umfasste eine turbidimetrische Analyse der Präzipitinreaktion. Unter Verwendung der Werte der Präzipitintests wurde ein Modell erstellt, das die Verwandtschaftsverhältnisse der elf in diesen Tests verwendeten Arten zeigte. Durch Untersuchung des Modells und der zu seiner Erstellung verwendeten Daten wurde festgestellt, dass die Richmondeninae, Emberizinae und Thraupidae eine von den anderen untersuchten Arten verschiedene Gruppe bilden. Die Carduelinae sind aus der Gruppe ausgeschlossen und serologisch am nächsten mit den Estrildinae verwandt. Die Estrildinae ähneln serologisch nicht stark *den Passer* , Unterfamilie Passerinae, obwohl neuere Klassifikationen diese beiden Unterfamilien in die Familie Ploceidae einordnen.

Nach Berücksichtigung aller derzeit verfügbaren Beweise – aus der äußeren Morphologie, Ethologie, Myologie, Osteologie und Serologie – werden mehrere Hypothesen zu den Beziehungen der untersuchten Gruppen aufgestellt. Die Richmondeninen , Emberizinen und Tangaren sind eng verwandte Unterfamilien und werden hier in die Familie Fringillidae aufgenommen. Die Estrildinae und Carduelinae sind eng verwandte Unterfamilien, aber keine der Gruppen ist eng mit den Passerinae verwandt . Die Estrildinen und Carduelinen werden daher in eine separate Familie eingeordnet , die Carduelidae. In gewisser Weise ist *Spiza* ein abweichendes Mitglied der Unterfamilie Richmondeninae, sollte aber in dieser Unterfamilie verbleiben . Es wird vermutet , dass *Spiza* ein primitiver Richmondenin ist, der eng mit dem ursprünglichen Bestand der Fringillidae verwandt ist.